校企合作计算机精品教材

互联网＋教育改革新理念教材

计算机网络
技术基础

主审　刘佩贤

主编　王崇刚　王道乾　李　黔

U0208504

教·学
资　源

航空工业出版社

北　京

内 容 提 要

本书结合计算机网络相关岗位的专业要求，全面、系统地阐述了计算机网络的相关知识。全书共分为 8 章，内容包括计算机网络概述、数据通信基础、网络体系结构、TCP/IP 协议簇、局域网技术、网络互连技术、Internet 基础与应用、网络安全。此外，每章最后还安排了习题，可帮助读者及时巩固所学知识。

本书内容全面、语言精练、图文并茂、通俗易懂，可作为各类院校和计算机网络培训机构计算机网络课程的教学用书，也可供从事计算机网络工作的工程技术人员和计算机网络爱好者学习参考。

图书在版编目（C I P）数据

计算机网络技术基础 / 王崇刚，王道乾，李黔主编
. -- 北京 ： 航空工业出版社，2021.8（2023.4 重印）
ISBN 978-7-5165-2705-4

Ⅰ．①计… Ⅱ．①王… ②王… ③李… Ⅲ．①计算机
网络 Ⅳ．①TP393

中国版本图书馆 CIP 数据核字（2021）第 147148 号

计算机网络技术基础
Jisuanji Wangluo Jishu Jichu

航空工业出版社出版发行
（北京市朝阳区京顺路 5 号曙光大厦 C 座四层 100028）
发行部电话：010-85672663 010-85672683

北京鑫益晖印刷有限公司印刷 全国各地新华书店经售
2021 年 8 月第 1 版 2023 年 4 月第 3 次印刷
开本：787×1092 1/16 字数：258 千字
印张：12.5 定价：45.80 元

Preface 前言

目前，计算机网络已成为全球信息产业的基石，它在信息的采集、存储、处理、传输和分发中扮演了极其重要的角色。它的广泛使用，尤其是以 Internet 为代表的网络应用，改变了传统意义上的时间和空间的概念，对社会的各个领域和人们的生活与工作方式产生了革命性的影响，促进了社会信息化的发展进程。

为了帮助读者更好地掌握计算机网络的相关知识，我们结合计算机网络相关岗位的专业要求精心编写了这本《计算机网络技术基础》。

本书特色

（1）立德树人，培根铸魂。党的二十大报告指出："育人的根本在于立德。"本书有机融入党的二十大精神，积极贯彻"知识传授、能力培养、价值塑造"三位一体的育人理念，用"卓越创新""知行合一""自信中国""拓展阅读"等模块，将能够体现创新精神、工匠精神、职业素养、大国风范等的内容恰当地融入教材，引导学生将个人价值实现与国家民族发展紧密相连，力求培养有担当、高素质、高水平的专业型人才。

（2）校企合作，工学结合。本书邀请相关企业专家参与和指导编写，所编写的配套实训内容与教材一一对应，不仅具有很强的操作性，还与实际应用紧密结合，可以让读者清楚地知道所学知识可以运用在哪里，怎么运用所学知识去解决实际问题，从而达到学以致用的目的。

（3）全新形态，全新理念。本书按照"必需、够用"的原则，围绕计算机网络的主要技术组织内容，并将最新的技术发展融入相应章节之中。在设计教材体例时，安排了形式多样的例题、提示、知识库等，能促进读者积极思考、学以致用。每章后还安排有丰富的习题，为读者全面掌握本章的重要知识点提供了便利条件。

此外，本书章与章之间既相互关联，又独立成篇，方便读者全面了解或有针对性地学习计算机网络相关知识，提高分析和解决实际问题的能力，并有助于读者通过相关升学考试和职业资格证书考试。

（4）数字资源，丰富多彩。本书配备了丰富的数字资源（如微课视频、习题答案和优质课件等），为广大师生提供了一站式教学资源。读者可以登录文旌综合教育平台"文旌课堂"（www.wenjingketang.com）体验平台式教学及下载相关教学资源包。

此外，本书还提供了在线题库，支持"教学作业，一键发布"，教师只需通过微信或"文旌课堂"App 扫描二维码，即可迅速选题、一键发布、智能批改，并查看学生的作业分析报告，提高教学效率、提升教学体验。学生可在线完成作业，巩固所学知识，提高学习效率。

（5）内容全面，安排合理。本书全面、系统地阐述了计算机网络的相关知识，内容包括计算机网络概述、数据通信基础、网络体系结构、TCP/IP 协议簇、局域网技术、网络互连技术、Internet 基础与应用、网络安全。

（6）语言精练，通俗易懂。本书在讲解知识点时，力求做到语言精练、图文并茂、通俗易懂。针对理论知识部分的简单内容，本书通常只进行简要讲解；针对较难理解与掌握的内容，则使用示意图和结构图进行演示，用深入浅出的图文让读者一目了然。

本书作者团队

本书由刘佩贤担任主审，王崇刚、王道乾、李黔担任主编，张智龙、刘雷担任副主编。在本书的编写过程中，作者参阅了大量书籍和网络资料，在此一并向这些资料的作者表示诚挚的感谢！

由于计算机网络技术发展迅速，编者的水平有限，书中难免存在疏漏与不当之处，敬请广大读者批评指正。

本书编委会

主　审　刘佩贤

主　编　王崇刚　王道乾　李　黔

副主编　张智龙　刘　雷

目 录 CONTENTS

第1章
计算机网络概述

章首导读

目前，计算机网络已成为全球信息产业的基石，它在信息的采集、存储、处理、传输和分发中扮演了极其重要的角色。计算机网络突破了单台计算机系统应用的局限，使多台计算机交换信息、共享资源和协同工作成为可能。计算机网络的广泛使用，改变了传统意义上的时间和空间的概念，对社会的各个领域，包括人们的生活方式产生了革命性的影响，促进了社会信息化的发展进程。

本章主要介绍计算机网络的基础知识，包括计算机网络的发展、定义、功能、组成、分类及常见拓扑结构，还涉及了计算机网络发展的新技术。

学习目标

- 了解计算机网络的发展历史。
- 掌握计算机网络的定义和功能。
- 掌握计算机网络的组成与拓扑结构。
- 熟悉计算机网络的分类。
- 了解计算机网络发展的新技术。

素质目标

- 理解网络技术对人们的生产生活所产生的影响，认同并维护我国科教兴国战略。
- 具有一定的资料收集、整理和分析能力，形成实事求是、与时俱进、服务未来的科学态度。
- 紧跟科技发展的脚步，自觉培养拼搏进取的精神，开拓创新创业新方向。

1.1 计算机网络的产生与发展

计算机网络是计算机技术与通信技术相结合的产物。纵观计算机网络的发展历史可以发现，计算机网络和其他事物一样，也经历了从简单到复杂，从低级到高级的发展过程。在这一过程中，计算机技术与通信技术紧密结合，相互促进，共同发展，最终产生了计算机网络。

从 1946 年世界上第一台计算机 ENIAC 的诞生到现在网络的全面普及，计算机网络的发展大体可以分为以下 4 个阶段。

计算机网络的发展

1. 第一代计算机网络——面向终端的计算机网络

第一代计算机网络也称面向终端的计算机网络，它是以主机为中心的通信系统。这样的系统中，除一台中心计算机（主机）外，其余终端均不具备自主处理功能。面向终端的计算机网络在结构上有 3 种形式，如图 1-1 所示。

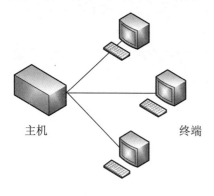

（a）主机与终端直接相连

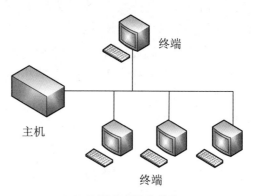

（b）终端共享通信线路

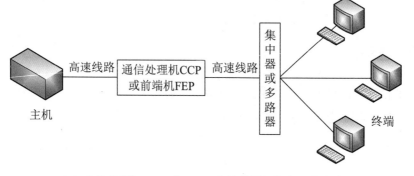

（c）主机前增加 CCP 或 FEP，终端前增加集中器或多路器

图 1-1　面向终端的计算机网络

（1）第 1 种结构是主机与终端直接相连，如图 1-1（a）所示。在这种结构中，主机负载较重，且一条通信线路只能与一个终端相连，通信线路的利用率较低。

（2）第 2 种结构是终端共享通信线路，如图 1-1（b）所示。这种结构有效提高了通信线路的利用率，但当多个终端同时要求与主机通信时，主机无法确定与哪一个终端进行通信。为解决这一问题，主机需增加相应的设备和软件完成相应的通信协议转换，但是这样会使得主机工作负荷加重。

（3）为了减轻主机负荷，在主机前增加通信处理机（communication control processor，CCP）或前端机（front end processor，FEP），在终端云集的地方增加集中器或多路器，这就是第 3 种结构，如图 1-1（c）所示。CCP 或 FEP 专门负责通信控制，而主机专门进行数据处理。集中器或多路器实际上是设在远程终端的通信处理机，其作用是实现多个终端共享同一条通信线路。

20 世纪 60 年代初，美国航空公司与 IBM 公司联合研制的飞机票预订系统由 1 台主机和 2 000 多个终端组成，是一个典型的面向终端的计算机网络。但这种网络存在着一些明显的缺点：如果主机的负荷较重，会导致系统响应时间过长；且单机系统的可靠性一般较低，一旦主机发生故障，将导致整个网络系统的瘫痪。

2. 第二代计算机网络——以通信子网为中心的网络

为了克服第一代计算机网络的缺点，提高网络的可靠性和可用性，人们开始研究将多台计算机相互连接的方法。1969 年，美国国防部高级研究计划署（advanced research projects agency，ARPA）开发的计算机分组交换网 ARPANET 投入运行，它成功地连接了加州大学洛杉矶分校、加州大学圣巴巴拉分校、斯坦福大学和犹他大学 4 个节点的计算机。ARPANET 的诞生，标志着计算机网络的发展进入了一个新纪元，也使计算机网络的概念发生了根本性的变化。

早期的面向终端的计算机网络是以单个主机为中心的星型网，各终端通过电话网共享主机的硬件和软件资源。但分组交换网则以由接口信息处理机（interface message processor，IMP）构成的通信子网为中心，主机和终端都处在网络的边缘，构成了用户资源子网，如图 1-2 所示。用户不仅可以共享通信子网的资源，还可以共享用户资源子网中丰富的硬件和软件资源。这种以通信子网为中心的计算机网络称为第二代计算机网络。

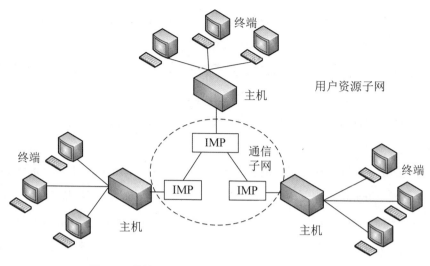

图 1-2　通信子网与资源子网组成的两级网络结构

3. 第三代计算机网络——标准化网络

在网络中，相互通信的计算机必须高度协调地工作，而这种"协调"是相当复杂的。为了降低网络设计的复杂性，早在当初设计 ARPANET 时就有专家提出了分层的方法。分层设计方法可以将庞大而复杂的问题转化为若干较小且易于处理的子问题。

国际标准化组织（international standard organization，ISO）于 1977 年设立了专门的机构研究解决不同公司之间的网络不能互连互通的问题，并于不久后提出了一个使各种计算机能够互连的标准框架——开放式系统互连参考模型（open system interconnection/reference model，OSI/RM），简称 OSI 参考模型。

OSI 参考模型是一个开放体系结构，它将网络分为 7 层，并规定每层的功能。OSI 参考模型的出现，意味着计算机网络发展到第三代，即标准化网络。在开放式环境下，所有计算机设备和通信设备只要遵循共同制定的国际标准，就可以实现不同产品在同一网络中的顺利通信。

4. 第四代计算机网络——以 Internet 为中心的新一代网络

第四代计算机网络是从 20 世纪 80 年代末开始出现的。当时局域网技术已经逐步发展成熟，光纤、高速网络技术、多媒体技术、智能网络技术等相继出现，整个网络就像一个对用户透明的巨大的计算机系统，并逐步发展为以 Internet 为代表的互联网。20 世纪 90 年代，微电子技术、大规模集成电路技术、光通信技术和计算机技术不断发展，为网络的发展提供了进一步有力的支持。

如今的计算机网络将无数个具有独立工作能力的计算机系统通过通信设备和线路相连，并由功能完善的网络软件实现资源共享和数据通信。随着人们对网络应用要求的日益提高，计算机网络正迅速朝着高速化、实时化、智能化、集成化和多媒体化的方向不断深入，它的快速发展和广泛应用对全球的经济、教育、科技、文化等的发展已经产生并且仍将发挥重要影响。

1.2　计算机网络的定义与功能

随着计算机技术的不断发展，计算机网络的内涵也在不断变化，人们对计算机网络有着不同的理解和定义。从资源共享的角度看，通常将计算机网络定义为将地理位置不同的具有独立功能的计算机或由计算机控制的外部设备，通过通信设备和线路连接起来，在网络操作系统的控制下，按照约定的通信协议进行信息交换，实现资源共享的系统。

计算机网络的功能

自 20 世纪 60 年代末诞生以来，计算机网络以异常迅猛的速度不断发展，越来越广泛地应用于政治、经济、军事、生产及科学技术的各个领域。计算机网络的功能主要体现在如下几个方面。

1. 数据通信

组建计算机网络的主要目的之一就是使分布在不同地理位置的计算机用户能够相互通信。在计算机网络中，计算机与计算机之间，或计算机与终端之间可以快速、可靠地相互传递各种信息，如程序、文件、图形、图像、声音、视频等。利用计算机网络的数据通信功能，人们可以使用网络上的各种应用（也称服务），如收发电子邮件、视频点播、视频会议、远程教学、远程医疗等。

2. 资源共享

所谓资源共享就是共享网络中的硬件资源、软件资源和信息资源。

1）硬件资源

许多计算机硬件设备是十分昂贵的，如可以进行复杂运算的巨型计算机、海量存储器、高速激光打印机、大型绘图仪和一些特殊的外设等。共享硬件资源可以让连接在网络上的用户都可以使用网络中包括这些昂贵设备在内的各种不同类型的硬件设备。

共享硬件资源的好处是显而易见的。网络中一台低性能的计算机，可以通过共享使用不同类型的设备，既解决了当前计算机硬件资源贫乏的问题，同时也有效地利用了现有的资源，充分提高了资源利用率。

2）软件资源

计算机网络中有极为丰富的软件资源，如网络操作系统、应用软件、工具软件、数据库管理软件等。共享软件功能允许多个用户同时调用服务器的各种软件资源，并且保持数据的完整性和统一性。要实现这一功能，用户可以使用各种网络应用软件共享远程服务器上的软件资源；也可以通过一些网络应用程序，将共享软件下载到本机使用。

3）信息资源

信息资源是一种非常重要和宝贵的资源。互联网就是一个巨大的信息资源宝库，其信息资源涉及各个领域，内容极为丰富。每个接入计算机网络的用户都可以在任何时间以任何形式去搜索、访问、浏览及获取这些信息资源。

3. 提高系统的可靠性

在某些对实时性和可靠性要求较高的场合，通过计算机网络的备份技术可以提高计算机系统的可靠性。当网络中的某一台计算机出现故障时，可以立即由另一台计算机代替其完成所承担的任务。这种技术在许多领域得到深入应用，如铁路、工业控制、空中交通、电力供应等。

4. 均衡负荷与分布式处理

当网络中某台计算机负荷过重时，通过网络和一些应用程序的管理，可以将任务传送给网络中其他计算机进行处理，以均衡工作负荷，减少网络延迟，充分发挥计算机网络中各计算机的作用，提高整个网络的工作效率。这种处理方式称为分布式处理，既方便处理大型任务，减轻计算机负荷，又提高了系统的可用性。

1.3　计算机网络的组成与拓扑结构

1.3.1　计算机网络的组成

典型的计算机网络从逻辑功能上可以分为两个子网：资源子网和通信子网，如图 1-3 所示。

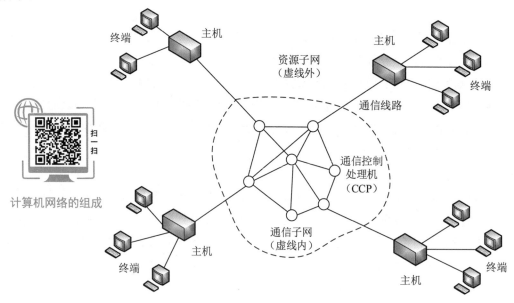

图 1-3　计算机网络的组成

1. 资源子网

资源子网主要负责全网的数据处理业务，为全网用户提供各种网络资源与网络服务。资源子网由主机、终端、各种软件资源与信息资源等组成。

1）主机

主机是资源子网的主要组成单元，它通过通信线路与通信子网的通信控制处理机相连接。在资源子网中，主机可以是大型机、中型机、小型机、工作站或微型机。

主机主要为本地用户访问网络或其他主机设备、共享资源提供服务。根据其作用的不同，可分为文件服务器、应用程序服务器、通信服务器和数据库服务器等。

2）终端

终端是用户访问网络的界面，可以是简单的输入、输出终端，也可以是带有微处理机的智能终端。终端可以通过主机连入网内，也可以通过终端控制器、报文分组组装/拆卸装置或通信控制处理机连入网内。

3）网络软件

在网络中，每个用户都可以共享其中的各种资源。所以需要对网络资源进行全面的管理、合理的调度和分配，并防止网络资源丢失或被非法访问、破坏。网络软件是实现上述功能不可缺少的工具。网络软件主要包括网络协议软件、网络通信软件、网络操作系统、网络管理软件和网络应用软件等。其中，网络操作系统用于控制和协调网络资源的分配、共享，提供网络服务，是最主要的网络软件。

2. 通信子网

通信子网主要承担全网的数据传输、转发、加工、转换等通信处理工作，一般由通信控制处理机、通信线路和其他通信设备组成。

1）通信控制处理机

通信控制处理机（communication control processor，CCP）是一种在计算机网络或数据通信系统中专门负责数据传输和控制的专用计算机，一般由小型机、微型机或带有 CPU 的专门设备承担。

CCP 在网络拓扑结构中通常称为网络节点，它一方面作为资源子网的主机、终端的接口节点，将它们连入网中；另一方面又实现通信子网中数据包的接收、校验、存储、转发等功能。

2）通信线路和通信设备

通信线路是指在 CCP 与 CCP、CCP 与主机之间提供数据通信的通道。计算机网络中采用的通信线路的种类很多，如双绞线、同轴电缆、光纤等有线通信线路，或微波、无线电、红外线等无线通信线路。

通信设备指网络互连设备，包括网卡、集线器、中继器、交换机、网桥、路由器、调制解调器等。通信线路和网络上的各种通信设备共同组成了通信信道。

1.3.2 计算机网络的拓扑结构

计算机网络的拓扑结构

网络拓扑结构是指用传输媒体互连各种设备的物理布局，即用什么方式把网络中的计算机等设备连接起来。将工作站、服务器等网络设备抽象为点，称为"节点"；将通信线路抽象为线，称为"链路"。由节点和链路构成的抽象结构就是网络拓扑结构。

常见的网络拓扑结构有总线型、星型、环型、树型和网状拓扑结构。

1. 总线型拓扑结构

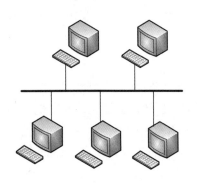

图 1-4　总线型拓扑结构

总线型拓扑结构由单根总线连接网络中所有节点，如图 1-4 所示。

在总线型拓扑结构中，所有节点共享总线的全部容量。当一个节点向另一个节点发送数据时，它先向整个网络广播一条消息，通知其他节点它将发送数据，正式发送数据时则目的节点将接收发送给它的数据，其他节点将忽略这条数据消息。

总线型拓扑结构简单、便于扩充、价格相对较低、安装使用方便。但是由于单信道的限制，一个总线型网络上的节点越多，网络发送和接收数据的速率就越慢。另外，一旦总线出现故障，整个网络将陷于瘫痪。

2. 星型拓扑结构

在星型拓扑结构中，每个节点都通过一条点对点链路与中心节点相连，如图 1-5 所示。任意两个节点之间都必须通过中心节点，并且只能通过中心节点进行通信。中心节点通过存储转发技术实现两个节点之间的数据传送，其设备可以是集线器，也可以是交换机。

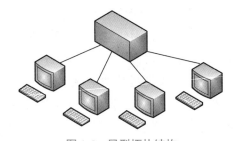

图 1-5　星型拓扑结构

星型拓扑结构的特点是结构简单、组网容易，便于控制和管理，网络延迟小。其缺点是中心节点负荷较重，容易形成系统的"瓶颈"，线路的利用率也不高。

3. 环型拓扑结构

环型拓扑结构是由各节点首尾相连形成的闭合环型线路，如图 1-6 所示。环型网络中的数据传送是单向的，即沿一个方向从一个节点传到另一个节点；每个节点都需安装中继器，以接收、放大信号。

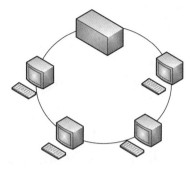

图 1-6　环型拓扑结构

环型拓扑结构的优点是结构简单，组网容易，便于管理。其缺点是若某个节点发生故障，则整个网络瘫痪；且当节点过多时，将影响数据传输效率，非常不利于扩展。

4. 树型拓扑结构

在实际建造较大型的网络时，往往采用多级星型网络，然后将多级星型网络按层次方式排列，即形成树型网络。因此，树型拓扑结构可以看成是星型拓扑结构的扩展，如图 1-7 所示。

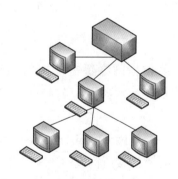

在树型拓扑结构中，节点按层次进行连接，顶部节点是中央处理机，底部节点是终端，而其他各层可以是多路转换器、集中器或部门用计算机。信息交换主要在上、下层节点之间进行，相邻及同层节点之间一般不进行数据交换或数据交换量小。

图 1-7　树型拓扑结构

树型拓扑结构的优点是易于扩展，可以延伸出许多分支；故障隔离容易。其缺点是越靠近顶部的节点，处理能力越强，其可靠性要求就越高。由于对顶部节点的依赖性太大，如果顶部节点发生故障，则全网不能正常工作。

5. 网状拓扑结构

在网状拓扑结构中，节点之间的连接是任意的，如图 1-8 所示。网状拓扑结构的主要特点是可靠性高，但结构复杂，必须采用路由选择算法和流量控制方法；线路成本高，不易管理和维护。

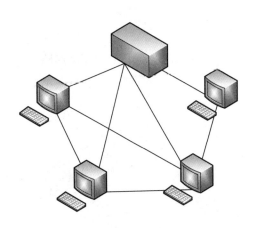

图 1-8 网状拓扑结构

在实际组网中，拓扑结构不是单一的，而是要根据具体需要和环境混用几种拓扑结构。

1.4 计算机网络的分类

计算机网络的分类依据很多，如按通信介质、传输方式、使用对象分类等。下面介绍最常见的 3 种分类方式。

计算机网络的分类

1. 依据网络覆盖范围的大小分类

依据网络覆盖范围的大小，可以将计算机网络分为局域网（LAN）、城域网（MAN）和广域网（WAN）。

1）局域网

局域网（local area network，LAN）是指范围在几千米内的办公楼群或校园内的计算机相互连接所构成的计算机网络，广泛应用于连接办公室、校园、工厂及企业的个人计算机或工作站，以利于个人计算机或工作站之间共享资源（如打印机）和数据通信。

局域网具有以下特征。

（1）局域网仅工作在较小的地理范围内，采用单一的传输介质。

（2）传统局域网的数据传输速率为 10 Mbps～100 Mbps。如今的局域网传输速率更高，可达到 1 000 Mbps。

（3）由于数据传输距离短，局域网传输时延低且误码率低。

（4）局域网组网方便、使用灵活，是目前计算机网络中最活跃的分支。

2）城域网

城域网（metropolitan area network，MAN）所采用的技术与局域网类似，只是规模上更大一些。城域网覆盖范围通常为一个城市，地理范围为几千米至几万米，传输速率在

1 Mbps 以上。城域网目前多采用光纤或微波作为通信介质。

3）广域网

广域网（wide area network，WAN）通常跨接很大的地理范围，可以是一个地区、一个省、一个国家甚至全球，其传输速率比局域网低得多。

广域网的典型代表就是 Internet，它是世界上发展速度最快、应用最广泛和最大的公共计算机信息网络系统。Internet 的出现，使计算机网络从局部到全国进而将全世界连在一起，用户可以利用 Internet 来实现全球范围的信息查询与浏览、文件传输、语音与图像通信服务、电子邮件收发等功能。

2. 依据网络传输介质的不同分类

依据网络传输介质的不同，可以将计算机网络分为两种：有线网和无线网。

1）有线网

有线网是采用同轴电缆、双绞线、光纤等有线介质进行数据传输的网络。双绞线网是目前最常见的连网方式，这是因为双绞线价格便宜且安全方便，容易组网，但其传输能力和抗干扰能力一般。光纤网用光纤作为传输介质，这是因为光纤传输距离长，传输速率高。

2）无线网

无线网是采用卫星、微波等无线形式进行数据传输的网络。无线网，特别是无线局域网有很多优点，如易于安装和使用。但无线局域网的数据传输速率远低于有线局域网。另外，无线局域网的误码率也比较高，而且节点之间相互干扰比较厉害。

3. 依据网络传输技术的不同分类

依据网络传输技术的不同，可以将计算机网络分为两种：广播式网络和点对点网络。

1）广播式网络

在广播式网络中仅使用一条通信信道，该信道由网络上的所有节点共享。在传输信息时，任何一个节点都可以发送数据，并被其他所有节点接收。其他节点根据数据包中的目的地址进行判断，如果是发给自己的则接收，否则便丢弃它。总线型以太网就是典型的广播式网络。

2）点对点网络

与广播式网络相反，点对点网络由许多互相连接的节点构成，在每对节点之间都有一条专用的通信信道，因此在点对点的网络中，不存在信道共享与复用的情况。当源节点发送数据时，它会根据目的地址，经过一系列中间节点的转发，直至到达目的节点，这种传输技术称为点对点传输，采用这种技术的网络称为点对点网络。

1.5 计算机网络发展新技术

1.5.1 物联网

扫一扫

物联网

1. 物联网的概念

物联网（internet of things，IoT），顾名思义，就是物物相连的互联网。目前，物联网的精确定义并未统一。关于物联网比较准确的定义是：物联网是利用射频识别系统、传感器、全球定位系统（GPS）、激光扫描器等信息传感设备，按约定的协议，把任何物体与互联网相连接，进行信息交换和通信，以实现对物体的智能化识别、定位、跟踪、监控和管理的一种网络。

物联网的定义包含两层意思：一是物联网的基础仍然是互联网，它是在互联网的基础上延伸和扩展的网络；二是其用户终端延伸和扩展到了任何物体之间，使任何物体之间都可以进行信息交换和通信。

政策引领

国家政策为物联网产业发展注入"强心剂"

物联网被称为继计算机、互联网之后世界信息产业发展的第三次浪潮，它是新一代信息技术的重要组成部分，也是信息化时代的重要发展阶段。

我国对物联网的发展给予了高度的重视。2009 年 8 月 7 日，时任国务院总理温家宝在视察无锡时提出建设"感知中国"中心，并对物联网应用提出了一些看法和要求。自此，物联网正式列为国家五大新兴战略性产业之一，写入了政府工作报告，受到了全社会的极大关注。2011 年，物联网列入"十二五"国家重点专项规划。

随着经济社会数字化转型和智能升级步伐加快，2021 年 9 月 10 日，工业和信息化部等八部门联合印发《物联网新型基础设施建设三年行动计划（2021—2023 年）》（下称《行动计划》），明确到 2023 年底，在国内主要城市初步建成物联网新型基础设施，物联网连接数突破 20 亿。业内人士表示，《行动计划》为物联网产业发展注入了"强心剂"。随着相关政策和技术不断完善，中国物联网产业有望实现持续、高效、有序发展。

2. 物联网的体系结构

物联网作为一个网络系统，与其他网络一样，也有其特有的体系结构。它包括感知层、网络层和应用层 3 个层次，如图 1-9 所示。

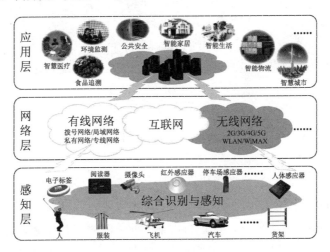

图 1-9　物联网的 3 层结构模型

（1）感知层。感知层利用 RFID、传感器、摄像头、全球定位系统等传感技术和设备，随时随地获取物体的属性信息并传输给网络层。物体属性包括静态和动态两种，其中，静态属性可以存储在电子标签中，使用阅读器读取；动态属性（如温度、湿度、速度、位置等）则需要使用传感器、摄像头或全球定位系统（GPS）等实时探测。

（2）网络层。网络层通过各种网络，将物体的信息实时、准确地传递给应用层。

（3）应用层。应用层有一个信息处理中心，用来处理从感知层得到的信息，以实现物体的智能化识别、定位、跟踪、监控和管理等实际应用。

物联网的 3 层结构体现了物联网的基本特征，即全面感知、可靠传递和智能处理。

3. 物联网的分类

物联网可分为私有物联网、公有物联网、社区物联网和混合物联网 4 种。其中，私有物联网一般面向单一机构内部提供服务，公有物联网基于互联网向公众或大型用户群体提供服务，社区物联网向一个关联的"社区"或机构群体（如一个城市政府下属的各委办局）提供服务，而混合物联网是上述的两种或以上的物联网的组合，但后台有统一运维实体。

4. 物联网的应用领域

当物联网与互联网、移动通信网相连时，可随时随地全方位"感知"对方，人们的生活方式将从"感觉"跨入"感知"，从"感知"到"控制"。作为一种新兴技术，物联网的应用正在迅速向各个领域蔓延，从家居、医疗、物流、交通、零售、金融、工业到农业，物联网的应用无处不在，如图 1-10 所示。

图 1-10　物联网的典型应用领域

1.5.2　5G

5G 是指第五代移动电话行动通信标准，也称第五代移动通信技术。它是前几代通信技术的延伸，也是最新一代的移动通信技术。

与前几代移动通信技术相比，5G 不再由某项业务能力或者某个典型技术特征所定义，它不仅是一种更高速率、更大带宽、更强能力的通信技术，还是一个多业务、多技术融合的通信网络，更是面向业务应用和以用户体验为中心的信息生态系统。

5G

1. 5G 的研发历程

早在 2009 年，华为就已经展开了相关技术的早期研究，并在之后的几年里向外界展示了 5G 原型机基站。2013 年 11 月 6 日，华为宣布将在 2018 年前投资 6 亿美元对 5G 的技术进行研发与创新，并预言在 2020 年用户会享受到 20 Gbps 的商用 5G 移动网络。

2013 年 5 月 13 日，韩国三星电子有限公司宣布已成功开发第 5 代移动通信（5G）的核心技术，这一技术预计将于 2020 年开始推向商业化。该技术可在 28 GHz 的超高频段以每秒 1 Gbps 以上的速度传送数据，且最长传送距离可达 2 千米。与韩国目前 4G 技术的传送速度相比，5G 技术预计可提供比 4G 技术快 100 倍的速度。

2014 年 5 月 8 日，日本电信营运商 NTT DoCoMo 正式宣布将与 Ericsson、Nokia、Samsung 等六间厂商共同合作，开始测试凌驾现有 4G 网络 1 000 倍网络承载能力的高速 5G 网络，传输速度可望提升至 10 Gbps。

2015 年 3 月 1 日，英国《每日邮报》报道，英国已成功研制 5G 网络，并进行 100 米内的传送数据测试，每秒数据传输高达 125 GB，是 4G 网络的 6.5 万倍，理论上 1 秒钟可下载 30 部电影，并称于 2018 年投入公众测试，2020 年正式投入商用。

2015 年 3 月 3 日，欧盟数字经济和社会委员古泽·奥廷格正式公布了欧盟的 5G 公私合作愿景，力求确保欧洲在下一代移动技术全球标准中的话语权。欧盟的 5G 网络将在 2020 年～2025 年之间投入运营。

2015 年 9 月 7 日,美国移动运营商 Verizon 无线公司宣布,从 2016 年开始试用 5G 网络,2017 年在美国部分城市全面商用。

我国在 2016 年～2018 年进行了 5G 技术研发试验,分为 5G 关键技术试验、5G 技术方案验证和 5G 系统验证三个阶段实施。

2019 年 10 月 31 日,在 2019 年中国国际信息通信展览会上,工信部与三大运营商举行 5G 商用启动仪式。中国移动、中国联通、中国电信正式公布 5G 套餐,并于 11 月 1 日正式上线 5G 商用套餐。这标志着中国正式进入 5G 商用时代。

2. 5G 的优点

5G 的性能目标是提高数据速率、减少延迟、节省能源、降低成本、提高系统容量和支持大规模设备连接。因此,5G 可满足人们对超高流量密度、连接密度及移动性的需求和绝大部分的硬件互联场景。作为万物互联的基础设施,它具备巨大的产业生态价值,能带动芯片、软件等基础产业的快速发展,推动新一轮产业创新浪潮,被誉为全球产业升级的颠覆性起点。

总的来说,与前几代移动通信技术相比,5G 具有以下优点。

(1)从用户体验看,具有更高速率、更大带宽的 5G 能够满足消费者对更高网络体验的需求。"快"是 5G 带给大众用户最直观的感受。用户使用 5G 时,数秒时间即可下载一部高清电影,或是传输数百张高分辨率照片,这会全面提升用户体验。

(2)从行业应用看,5G 具有更高的可靠性、更低的时延,能够满足智能制造、自动驾驶等行业应用的特定需求,拓宽融合产业的发展空间,支撑经济社会创新发展。

(3)从发展态势看,5G 已于 2019 年在我国正式商用,且在持续高速发展,大有取代 4G、占据行业主导地位之势。

3. 5G 的关键技术

5G 的实现主要依靠大规模天线阵列、超密集组网、新型多址、全频谱接入和新型网络架构等关键技术。

◆ 大规模天线阵列:传统的移动通信网络采用的天线只可实现 2～8 个并发通道,而大规模天线阵列的通道数则可达到 64～256 个,这使得 5G 的带宽和系统频谱效率得到了成倍提升。因此,可以说大规模天线阵列对满足 5G 系统容量和速率需求起到重要的支撑作用。

◆ 超密集组网:通过增加基站部署密度,可实现百倍量级的容量提升,是满足 5G 千倍容量增长需求的最主要手段之一。

◆ 新型多址:通过发送信号的叠加传输来提升系统的接入能力,可有效支撑 5G 网络千亿设备的连接需求。

◆ 全频谱接入：通过有效利用各类频谱资源，可有效缓解 5G 网络对频谱资源的巨大需求。

◆ 新型网络架构：基于 SDN、NFV 和云计算等先进技术的新型网络架构，可实现以用户为中心的更灵活、智能、高效和开放的 5G 新型网络。

4. 5G 的应用场景

随着 5G 在 2019 年正式商用，各行业在应用 5G 后纷纷迸发出了强劲的发展活力。无论是智慧城市的建设、自动驾驶的实现，还是远程医疗、远程教育、远程办公的进一步发展，抑或是 VR、AR、云游戏等娱乐方式的颠覆，都离不开 5G 的支持，如图 1-11 所示。

图 1-11　5G 的典型应用场景

1.5.3　三网融合

1. 三网融合的概念

目前广泛使用的网络有电信网络、计算机网络和有线电视网络。随着技术的不断发展，新的业务不断出现，新旧业务不断融合，作为其载体的各类网络也不断融合。简单来说，三网融合就是实现有线电视网络、电信网络和计算机网络三者之间的融合，目的是构建一个健全、高效的通信网络，从而满足社会发展的需求。

三网融合并不意味着三大网络的物理合一，而主要是指高层业务应用的融合。三大网络通过技术改造，其技术功能趋于一致，业务范围趋于相同，网络互连互通、资源共享，能为用户提供语音、数据和广播电视等多种服务。

 在现有的三网融合的基础上加入电网，即成为四网融合。四网融合已有试点。

2. 三网融合的优点

三网融合的应用广泛，遍及智能交通、环境保护、政府工作、公共安全、平安家居等多个领域。具体来说，三网融合有如下几个优点。

（1）信息服务将由单一业务转向文字、语音、数据、图像、视频等多媒体综合业务。

（2）三网融合可极大地减少基础建设投入，并简化网络管理，降低维护成本。

（3）三网融合将使网络从各自独立的专业网络向综合性网络转变，网络性能得以提升，资源利用水平进一步提高。

（4）三网融合是业务的整合，它不仅继承了原有的语音、数据和视频业务，而且通过网络的整合，衍生出了更加丰富的增值业务类型，如图文电视、VoIP、视频邮件和网络游戏等，极大地拓展了业务范围。

（5）三网融合打破了电信运营商和广电运营商在视频传输领域的恶性竞争状态，未来看电视、上网、打电话资费可能打包下调。

拓展阅读

全球 5G 中国领先，国内 5G 已覆盖所有地级以上城市！

"截至 8 月底，我国累计开通 5G 基站超 100 万个，覆盖全国所有地级以上城市。"在中国国际信息通信展览会期间举办的第五届 5G 创新发展高峰论坛上，工业和信息化部正式对外披露了这样一组亮眼的数据。

自 2019 年 6 月发牌以来，经过两年多的发展，我国坚持"适度超前、建用结合"原则，全力推进 5G 网络建设，在技术、标准、产业、应用等方面均实现突破并取得显著成效，我国的 5G 发展走在了世界前列。

适度超前，开通百万 5G 基站

近年来，社会加速迈向数字化、网络化、智能化，作为新基建"领头羊"的 5G，在助推各行各业数字化转型中发挥了强大赋能作用。工业和信息化部深入贯彻落实党中央、国务院决策部署，积极推动 5G 网络高质量发展，先后发布了多项政策文件，为我国 5G 网络建设及 5G 和千兆光网的协同发展指明了方向。

在全行业的协同努力下，我国的 5G 发展持续提速，网络建设取得显著成果。截至 2021 年 8 月底，全国累计开通 5G 基站数超 100 万，覆盖全国所有地级以上城市。全国县级行政区已开通 5G 网络超过 2 900 个，29 个省份实现县县通 5G 网络，全国乡镇已有 1.4 万个开通 5G 网络。目前，我国 5G 基站数占全球比例超过 70%，5G 标准必要专利声明数量占比超过 38%，5G 终端连接数占全球比重超过 80%，均居全球首位。

建用结合，5G 加速赋能千行百业

为了更好地推进 5G 应用落地，我国提出了"以建促用、建用结合"的发展原则。两年多来，5G 融合应用如雨后春笋般涌现，尤其是新冠肺炎疫情发生后，以 5G 为代表的新一代信息通信技术在疫情防控及推动经济社会发展中作用凸显，5G+远程医疗、5G+远程教育、5G+智慧家居等应用加速落地，云办公、云课堂、云医疗等备受青睐。

与此同时，5G 加速融入工业、矿山、能源、交通、农业等传统行业，催生出各类融合应用和服务，助力企业及行业数字化转型。

当前，我国 5G 发展已迈入商用部署关键阶段。在全球各国加快 5G 战略布局的大背景下，持续完善 5G 网络覆盖，加速推动 5G 融入千行百业，全面赋能数字中国建设，助推经济社会高质量发展，已经成为全行业共同的使命和责任。

习　题

1. 判断题

（1）计算机网络的主要功能是数据通信和资源共享。　　　　　　　（　　）

（2）计算机网络的资源只包含硬件资源和软件资源。　　　　　　　（　　）

（3）典型的计算机网络由通信子网和资源子网两部分组成。　　　　（　　）

（4）总线型拓扑结构中，各节点发送的信号都有一条专用的线路进行传播。（　　）

（5）星型网络的最大缺点是一旦中央节点发生故障，则整个网络完全瘫痪。（　　）

（6）在实际组网时，只能选择单一拓扑结构，不能多种拓扑结构混用。（　　）

（7）计算机网络按照网络的覆盖范围可分为局域网、城域网和互联网。（　　）

（8）局域网的作用范围在几千米内，广泛用于连接办公室、校园、工厂及企业的个人计算机或工作站。　　　　　　　　　　　　　　　　　　　　　　（　　）

（9）相比前几代移动通信技术来说，5G 只是提升了传输速率和带宽。（　　）

（10）物联网可分为私有物联网、公有物联网、社区物联网和混合物联网 4 种。（　　）

2. 选择题

（1）计算机网络是计算机技术与（　　）结合的产物。

　　A．其他计算机　　B．通信技术　　　　C．电话　　　　　　D．通信协议

（2）当网络发展到第三代时，（　　）的出现使得网络通信更加规范，使不同厂家的设备可以互相通信。

　　A．TCP/IP　　　　B．OSI/RM　　　　C．ISO　　　　　　D．SNA

（3）第四代计算机网络发展的特点不包括（　　）。

　　A．高速　　　　　　　　　　　　　B．标准化

　　C．智能　　　　　　　　　　　　　D．更为广泛的应用

（4）计算机网络给人们带来了极大的便利，其最基本的功能是（　　）。

　　A．数据传输和资源共享　　　　　　B．科学计算

　　C．硬件资源共享　　　　　　　　　D．信息资源共享

（5）计算机网络中的共享资源不包括（　　）。

    A. 硬件资源   B. 软件资源   C. 网络拓扑   D. 信息资源

（6）下列组件中，属于通信子网的是（　　）。

    A. 主机   B. 终端   C. 计算机外设   D. 传输介质

（7）将计算机网络按拓扑结构分类，不属于该类的是（　　）。

    A. 星型网络   B. 总线型网络   C. 环型网络   D. 双绞线网络

（8）总线型拓扑的优点是（　　）。

    A. 所需电缆长度短   B. 故障易于检测和隔离

    C. 易于扩充   D. 可靠性高

（9）在（　　）范围内的计算机网络可称之为局域网。

    A. 一个楼宇   B. 一个城市   C. 一个国家   D. 全世界

（10）将一座办公大楼内每个办公室中的微机进行联网，这个网络属于（　　）。

    A. WAN   B. LAN   C. MAN   D. GAN

（11）物联网的基础是（　　）。

    A. 局域网   B. 传感网   C. 4G 网络   D. 互联网

（12）在物联网体系结构中，感知层可体现物联网的（　　）。

    A. 全面感知   B. 可靠传递   C. 智能处理   D. 机器学习

（13）下列不属于 5G 关键技术的是（　　）。

    A. 大规模天线阵列   B. 超密集组网

    C. 全频谱接入技术   D. 非对称加密

（14）下列不属于 5G 应用场景的是（　　）。

    A. 智慧城市   B. 人脸识别   C. 自动驾驶   D. 云 VR 游戏

（15）下列关于三网融合的说法中，错误的是（　　）。

    A. 三网融合意味着三大网络的物理合一

    B. 三网融合主要是指高层业务应用的融合

    C. 三网融合可极大地减少基础建设投入，并简化网络管理，降低维护成本

    D. 三网融合可衍生出更加丰富的增值业务类型，如 VoIP、视频邮件和网络游戏等

3. 综合题

（1）简述计算机网络的发展过程。

（2）什么是计算机网络？它有哪几个基本组成部分？各组成部分的作用是什么？

（3）计算机网络的功能有哪些？

（4）常见的网络拓扑结构有哪些？它们的优缺点分别是什么？

（5）根据网络覆盖范围划分，计算机网络有哪几种类型？每种类型的特点是什么？

（6）了解第七届世界互联网大会中提到的新技术。

第 2 章

数据通信基础

章首导读

计算机网络是计算机技术与通信技术相结合的产物，因此，数据通信技术是计算机网络的基础。要研究计算机网络，首先要研究数据通信技术。

本章主要介绍与数据通信技术有关的基础知识，包括数据通信的基本概念、数据通信系统模型、数据传输方式、多路复用技术、数据交换技术和差错控制技术等内容。

学习目标

- 理解数据通信的基本概念，掌握数据通信系统模型的基本组成。
- 掌握不同角度的数据传输方式，如并行传输和串行传输，单工、半双工和全双工通信，异步传输和同步传输，基带传输和频带传输。
- 掌握频分多路复用、时分多路复用、波分多路复用和码分多路复用 4 种信道复用技术。
- 掌握电路交换、报文交换和分组交换 3 种数据交换技术。
- 掌握奇偶校验码和循环冗余码两种差错控制技术。

素质目标

- 自觉提高独立分析问题、解决问题的能力，养成良好的思维习惯。
- 保持实事求是的科学态度，乐于通过实践检验、判断各种技术问题。
- 具备克服困难的信心和决心，从战胜困难、实现目标中体验喜悦。

数据通信是一种以信息处理技术和计算机技术为基础的通信方式，它通过数据通信系统将数据以某种信号方式从一处传送到另一处。数据通信为计算机网络的应用和发展提供了技术支持和可靠的通信环境，是人们获取、传递和交换信息的重要手段。

2.1.1　数据通信的基本概念

1. 信息

信息是对客观事物的运动状态和存在形式的反映，可以是客观事物的形态、大小、结构、性能等描述，也可以是客观事物与外部之间的联系。信息的载体可以是数字、文字、语音、图形和图像等。计算机及其外围设备产生和交换的信息都是由二进制代码表示的字母、数字或控制符号的组合。

2. 数据

数据是传递信息的实体，是信息的一种表现形式。在计算机网络中，数据分为模拟数据和数字数据两种。其中，用于描述连续变化量的数据称为模拟数据，如声音、温度等；用于描述不连续变化量的数据称为数字数据，如文本信息、整数等。

 　　实际应用中，数据和信息的概念很多时候并不加以区分，可认为是同一概念。

3. 信号

信号是携带信息的介质，是数据的一种电磁编码。信号一般以时间为自变量，以表示信息（或数据）的某个参量（振幅、频率或相位）为因变量。信号按其因变量的取值是否连续可分为模拟信号和数字信号。

模拟信号是指信号的因变量完全随连续信息的变化而变化的信号，其因变量一定是连续的，如图 2-1（a）所示。例如，电视图像信号、语音信号、温度传感器的输出信号及许多遥感遥测信号等都是模拟信号。

数字信号是指表示信息的因变量是离散的，其自变量时间的取值也是离散的信号，如图 2-1（b）所示。数字信号的因变量的状态是有限的，如计算机数据信号、数字电话信号和数字电视信号等。

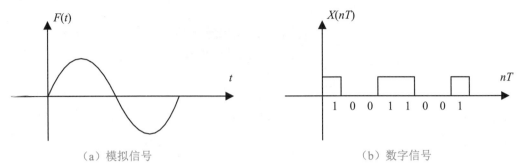

（a）模拟信号 （b）数字信号

图 2-1 模拟信号和数字信号

虽然模拟信号与数字信号有着明显的差别，但它们在一定条件下是可以相互转化的。模拟信号可以通过采样、量化、编码等步骤变成数字信号，而数字信号也可以通过解码、平滑等步骤变成模拟信号。

信息、数据和信号三者的关系是：信息一般用数据来表示，而数据通常需要转变为信号进行传输。

2.1.2 数据通信系统模型

1. 数据通信系统的组成

数据通信系统的组成

信息的传递是通过数据通信系统来实现的，一个完整的数据通信系统一般由信源、信号变换器、通信信道、信宿等构成，如图 2-2 所示。

图 2-2 数据通信系统模型

1）信源和信宿

信源就是信息的产生和发送端，是发出待传送信息的人或设备。信宿就是信息的接收端，是接收所传送信息的人或设备。大部分信源和信宿设备都是计算机或其他数据终端设备（data terminal equipment，DTE）。

2）通信信道

通信信道是传送信号的一条通路，由传输线路和传输设备组成。同一个传输介质上可以同时存在多条信号通路，即一条传输线上可以有多个通信信道。信道类型是由所传输的信号决定的，用来传输模拟信号的信道称为模拟信道，用来传输数字信号的信道称为数字信道。

3）信号变换器

信号变换器的作用是将信源发出的数据变换成适合在信道上传输的信号，或将信道上传来的信号变换成可供信宿接收的数据。发送端的信号变换器可以是编码器或调制器，接收端的信号变换器相对应的就是译码器或解调器。

4）噪声

信号在传输过程中受到的干扰称为噪声。噪声可能来自外部，也可能由信号传输过程本身产生。噪声虽然不算严格意义上的数据通信系统组成部分，但噪声过大将影响被传送的信号的真实性或正确性。

2. 数据通信系统的主要技术指标

描述数据通信系统数据传输速率的大小和传输质量的好坏，往往需要运用信道带宽、波特率、比特率、信道容量、误码率、信道的传播延迟和信噪比等技术指标。

数据通信系统的
主要技术指标

1）信道带宽

信道带宽是指信道中传输的信号在不失真的情况下所占用的频率范围，即传输信号的最高频率与最低频率之差。例如，某通信线路可以不失真地传送 2 MHz～10 MHz 的信号，则该通信线路的信道带宽为 8 MHz。

2）波特率

波特率又称波形速率或调制速率。它是指数据传输过程中，在线路上每秒钟传送的波形个数。其单位是波特，记作 baud。

设一个波形的持续周期为 T，则波特率 B 可按下式计算：

$$B=1/T（\text{baud}）$$

3）比特率

比特率又称数据传输速率，是指数字信号的传输速率，用每秒钟所传输的二进制代码的有效位数表示，单位为比特/秒（记作 b/s 或 bps）。比特率 S 可按下式计算：

$$S=B\log_2N（\text{bps}）$$

式中 B 是波特率，N 是一个波形代表的有效状态数。

 提示　需要注意的是，波特率和比特率的概念是不同的，因此 500 baud 和 500 bps 的含义不同。只有当一个波形代表的有效状态数为 2 时，二者在数值上才相等。

4）信道容量

信道容量一般是指物理信道能够传输信息的最大能力，它的大小由信道的带宽、可使用的时间、传输速率及信道质量（即信号功率与噪声功率之比）等因素决定。

5）误码率

误码率，也称出错率，是衡量数据通信系统在正常工作情况下传输可靠性的重要指标。

误码率等于传输出错的码元数占传输总码元数的比例。在计算机网络中一般要求数字信号误码率低于 10^{-6}。

6）信道的传播延迟

信号在信道中的传输，从信源到信宿需要一定的时间，这个时间叫作传播延迟（也叫时延）。传播延迟与信源和信宿间的距离有关，也与具体的通信信道中的信号传播速度有关。

7）信噪比

在信道中，信号功率与噪声功率的比值称为信噪比（signal-to-noise ratio）。如果用 S 表示信号功率，用 N 表示噪声功率，则信噪比应表示为 S/N。

在实际传输中，更多地使用 $10 \log_{10}(S/N)$ 来表示信噪比，单位是分贝（dB）。对于 S/N 等于 10 的信道，则称其信噪比为 10 dB；同样的道理，如果信道的 S/N 等于 100，则称其信噪比为 20 dB；以此类推。一般来说，信噪比越大，说明混在信号里的噪声越小，因此信噪比越高越好。

知行合一

通信专业技术人员职业水平考试是由国家人力资源和社会保障部、工业和信息化部领导下的国家级考试，其目的是科学、公正地对全国通信专业技术人员进行职业资格、专业技术资格认定和专业技术水平测试。

通信专业技术人员职业水平评价纳入全国专业技术人员职业资格证书制度统一规划，分初级、中级和高级 3 个级别层次。参加通信专业技术人员初级、中级职业水平考试，并取得相应级别职业水平证书的人员，表明其已具备相应专业技术岗位工作的水平和能力。用人单位可根据《工程技术人员职务试行条例》有关规定和相应专业岗位工作需要，从获得相应级别、类别职业水平证书的人员中择优聘任。

作为一名合格的通信相关专业学生，提升自己的综合素质非常重要，而考证就是督促自己学习技能及证明自己实力的重要形式。

2.2 数据传输方式

数据传输是指利用信号把数据从发送端传送到接收端的过程，通常可从多个不同的角度对数据传输方式进行描述。

2.2.1 并行传输和串行传输

数据在信道上传输时，按照使用信道的多少可以分为串行传输和并行传输两种方式。

数据通信方式

1. 串行传输

在计算机中，通常使用 8 个数据位来表示一个字符。串行传输指的是数据的若干位按顺序一位一位地传送，从发送端到接收端只要一条传输信道即可，如图 2-3（a）所示。

2. 并行传输

在进行近距离传输时，为获得较高的传输速率，使数据的传输时延尽量小，常采用并行传输方式，即字符的每一个数据位各占一条传输信道，通过多条并行的信道同时传输，如图 2-3（b）所示。例如，计算机内的数据总线就是采用并行传输的，根据信道数量不同可分为 8 位、16 位、32 位和 64 位等。

（a）串行传输

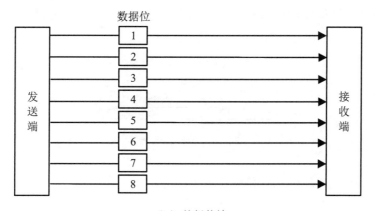

（b）并行传输

图 2-3　串行传输与并行传输

串行传输可以节省传输线路和设备，利于远程传输，所以广泛用于远程数据传输。例如，通信网和计算机网络中数据传输都是以串行方式进行的。并行传输的速率高，但传输线路和设备都需要增加若干倍，一般用于短距离并要求快速传输的情况。

2.2.2 单工、半双工和全双工通信

根据数据在信道上传输方向与时间的关系，数据通信方式分为单工通信、半双工通信和全双工通信。

1. 单工通信

单工通信又称单向通信。在单工通信中，数据固定地从发送端传送到接收端，即信息流仅沿一个方向流动，如图 2-4 所示。例如，无线电广播采用的就是单工通信。

2. 半双工通信

半双工通信又称双向交替通信。在半双工通信中，数据可以双向传送，但不能在两个方向上同时进行。通信双方都具有发送器和接收器，但在同一时刻信道只能容纳一个方向的数据传输，如图 2-5 所示。例如，无线电对讲机采用的就是半双工通信，当甲方讲话时，乙方无法讲话；等甲方讲完后，乙方才能开始讲话。

图 2-4　单工通信　　　　　　　　　　图 2-5　半双工通信

3. 全双工通信

全双工通信又称双向同时通信。在全双工通信中，同一时刻双方能在两个方向上传输数据，它相当于把两个相反方向的单工通信方式组合起来，如图 2-6 所示。例如，打电话时，双方可以同时讲话。全双工通信效率高，但结构复杂，成本较高。

图 2-6　全双工通信

2.2.3 异步传输和同步传输

当发送端将数据发送出去后，为保证数据传输的正确性，收发双方要同步处理数据。所谓同步，就是指通信双方在发、收时间上必须保持一致；否则，数据传输就会发生丢包或重复读取等错误。

根据通信双方协调方式的不同，同步方式有两种：异步传输和同步传输。

数据传输同步方式

1. 异步传输

异步传输又称为起止式传输。发送端可以在任何时刻向接收端发送数据,且将每个字符(5~8 位)作为一个独立的整体进行发送,字符间的间隔时间可以任意变化。为了便于接收端识别这些字符,发送端需要在每个字符的前后分别加上一位或多位信息作为它的起始位和停止位,如图 2-7(a)所示。

如果传送的字符由 7 位二进制位组成,那么在其前后各附加一位起始位和停止位,甚至还有校验位,其字符长度将达 10 位,如图 2-7(b)所示。很显然,由于辅助位多,这种方式的传输效率较低,适用于低速通信。

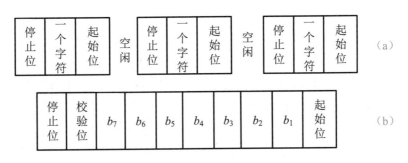

图 2-7 异步传输

2. 同步传输

同步传输要求数据的发送端和接收端始终保持时钟同步。根据同步通信规程,同步传输具体又分为面向字符的同步和面向位的同步,如图 2-8 所示。

图 2-8 同步传输

◆ **面向字符的同步**:发送端将字符分成组进行连续发送,并在每组字符前后各加一个同步字符(SYN),如图 2-8(a)所示。当接收端接收到同步字符时开始接收数据,直到再次收到同步字符时停止接收,然后进入等待状态,准备下一次通信。

◆ **面向位的同步**：发送端每次发送一个二进制位序列，并在发送过程的前后分别使用一个特殊的 8 位位串（如 01111110）作为同步字节来表示发送的开始和结束，如图 2-8（b）所示。

在同步传输中将整个字符组作为一个单位进行传送，且附加位比较少，从而提高了数据传输效率。这种方式一般用于高速传输数据的系统中。但是要求收发双方的时钟严格同步，加重了数据通信设备的负担。如果传输的数据中出现与同步字符（或同步字节）相同的数据，则需要额外的技术来解决；如果一次传输有错，则需要将该次传输的整个数据块进行重传。

2.2.4 基带传输和频带传输

在数据通信中，计算机等设备产生的信号是二进制数字信号，即"1"和"0"。若要在相应的信道中传输，需转换成适合传输的数字信号或模拟信号。数字信号在信道中的传输技术分为基带传输和频带传输两类。

1. 基带传输

由计算机等设备直接发出的数字信号是一连串矩形电脉冲信号，包含直流、低频和高频等多种成分。在其频谱中，从零到能量集中的一段频率范围称为基本频带，简称基带。在线路上直接传输数字基带信号称为基带传输。

基带传输

基带传输中，发送端需要用编码器对数字信号进行编码，然后在接收端由译码器进行解码才能恢复发送端发送的数据。在实际应用中，常采用以下 3 种编码方法，如图 2-9 所示。

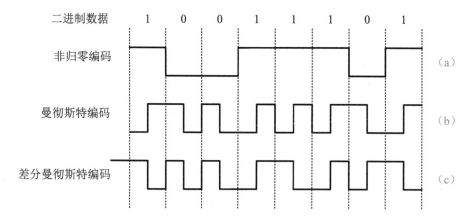

图 2-9　常用数据编码方法

1）非归零编码

非归零编码规定：用高电位表示"1"，低电位表示"0"。这种编码方法难以判断一个位的结束和另一个位的开始，需要同时发送同步时钟信号来保证发送端和接收端同步。假设要发送的二进制数据为 10011101，则非归零编码后如图 2-9（a）所示。

2）曼彻斯特编码

曼彻斯特编码是一种"自含时钟"的编码方法，其编码规则是在每个时钟周期内产生一次跳变，由高电位向低电位跳变时，代表"0"；由低电位向高电位跳变时，代表"1"，如图 2-9（b）所示。

这种编码的优点是收发双方可以根据自带的"时钟"信号来保持同步，无须专门传递同步信号，因此这种编码方法通常用于局域网传输。

3）差分曼彻斯特编码

差分曼彻斯特编码规定当前比特位的取值由开始的边界是否存在跳变而定，开始边界有跳变表示"0"，无跳变表示"1"，如图 2-9（c）所示。每个比特位中的跳变仅用作同步信号。

基带传输是一种最简单的传输方式，它抗干扰能力强、成本低，但是由于基带信号含有从直流到高频的频率特性，传输时必须占用整个信道，因此信道利用率低。另外，基带传输信号衰减严重，传输的距离受到限制，因此常用于局域网。

2. 频带传输

在实现远距离通信时，最经常使用的仍然是普通的电话线。电话信道的带宽为 3.1 kHz，只适用于传输音频范围为 300 Hz～3 400 Hz 的模拟信号，不适用于直接传输频带很宽而且又集中在低频段的数字基带信号。因此必须将数字信号转换成模拟信号进行传输。

频带传输

一般采用的方法是发送端在音频范围内选择某一频率的正（余）弦波作为载波，用它寄载所要传输的数字信号，通过电话信道将其送至接收端；在接收端再将数字信号从载波上分离出来，恢复为原来的数字信号。这种利用模拟信道实现数字信号传输的方法称为频带传输。

在频带传输中，由发送端将数字信号转换成模拟信号的过程称为调制，使用的调制设备称为调制器；在接收端把模拟信号还原为数字信号的过程称为解调，使用的设备称为解调器。同时具备调制和解调功能的设备称为调制解调器。在实现全双工通信时，则要求收发双方都安装调制解调器，如图 2-10 所示。

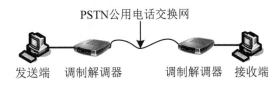

图 2-10 频带传输

知识库

> 调制解调器（Modem），俗称"猫"，是在发送端通过调制将数字信号转换为模拟信号，而在接收端通过解调再将模拟信号转换为数字信号的一种装置。Modem 有各种各样的分类方法。例如，按照接入 Internet 的方式不同，可将 Modem 分为拨号 Modem 和专线 Modem；按照接口类型不同，可将 Modem 分为外置 Modem、内置 Modem、PC 卡式移动 Modem 等。

模拟信号传输的基础是载波，正弦载波信号可以表示为

$$u(t) = A(t)\sin(\omega t + \varphi)$$

其中，振幅 A、角频率 ω、相位 φ 是载波信号的 3 个可变参量，也称调制参数，它们的变化将对正弦载波的波形产生影响。为此，我们可以通过改变这 3 个参量来实现对数字信号的模拟化编码。

1）振幅键控（ASK）

ASK 方式是指载波的振幅 A 随发送的数字信号而变化，以不同振幅表示二进制数字"1"和"0"，如图 2-11（a）所示。这种方法实现简单，但抗干扰能力差，调制效率低。

2）频移键控（FSK）

FSK 方式是指用两个靠近载波频率的不同频率 ω_1 和 ω_2 分别表示二进制数字"1"和"0"，如图 2-11（b）所示。FSK 的电路简单，抗干扰能力强，但频带的利用率低。

3）相移键控（PSK）

PSK 方式只是以载波的相位 φ 变化来表示数据。在二相制情况下，二进制数字"0"和"1"分别用不同相位载波信号波形表示，如图 2-11（c）和图 2-11（d）所示。PSK 电路实现较为复杂。

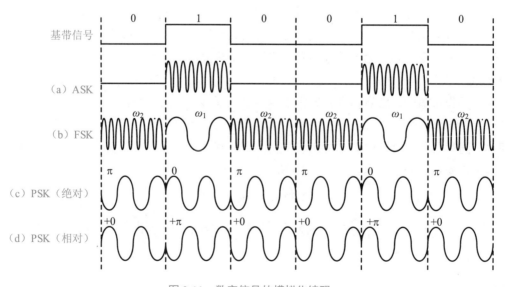

图 2-11　数字信号的模拟化编码

知识库

　　模拟信号的数字化编码是将连续的信号波形用有限个离散（不连续）的值近似代替的过程，其中最常用的方法就是脉冲编码调制（PCM）技术，简称脉码调制。PCM 一般通过采样、量化和编码 3 个步骤实现。

　　（1）采样：将原信号波形的时间坐标按照固定的时间间隔离散化，以模拟数据的最大值（或平均值）作为样本，代替模拟数据在某一区间的值。

　　（2）量化：量化是指对采样得到的样本值按量化分级并取整。

　　（3）编码：将量化取整的样本值转换为相应的二进制编码。

2.3　多路复用技术

　　在同一介质上，同时传输多个有限带宽信号的方法，称为多路复用。将多路复用技术引入通信系统，目的是充分利用通信线路的带宽，提高通信介质利用率。

多路复用技术

　　多路复用技术可以分为频分多路复用、时分多路复用、波分多路复用和码分多路复用等多种形式，最常用的是频分多路复用和时分多路复用。

2.3.1　频分多路复用

　　任何信号只占据一个宽度有限的频率，而信道可被利用的频率要比一个信号的频率宽得多，因此可以利用频率分割的方式来实现信道的多路复用。

　　频分多路复用（frequency division multiplexing，FDM）是利用频率变换或调制的方法，将若干路信号搬移到频谱的不同位置，相邻两路的频谱之间留有一定的频率间隔，以防相互干扰，这样排列起来的信号就形成了一个频分多路复用信号。发送端将信号发送出去，接收端接收到信号后，再利用接收滤波器将各路信号区分开来。这种方法起源于电话系统，如图 2-12 所示。

　　所有电话信号的频带本来都是一样的，即标准频带 0.3 kHz～3.4 kHz。利用频率变换，使每路电话信号占用 4 kHz 的带宽，然后将三路电话信号搬到频谱的不同位置，就形成了一个带宽为 12 kHz 的频分多路复用信号。当信号到达接收端后，接收端可以将各路电话信号用滤波器区分开。由此可见，信道的带宽越大，容纳的电话路数就会越多。

　　频分多路复用主要用于宽带模拟线路中，最典型的是有线电视系统。

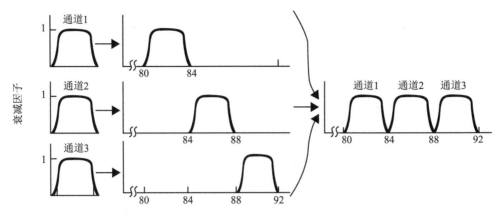

图 2-12　频分多路复用的电话系统

2.3.2　时分多路复用

时分多路复用（time division multiplexing，TDM）是利用时间分隔方式来实现多路复用的，它将一个传送周期划分为多个时间间隔，让多路信号分别在不同的时间间隔内传送。对于数字通信系统主干网的复用采用的就是时分多路复用技术。

下面以电话系统为例来说明时分多路复用的工作原理。对于带宽为 4 kHz 的电话信号，每秒采样 8 000 次就可以完全不失真地恢复出语音信号。假设每个采样点的值用 8 位二进制数来表示，那么一路电话所需要的数据传输速率为 8×8 000=64 kbps。如果有 24 路电话信号，每路电话信号包含 8 位采样值，最后加上 1 位用于区分或同步每一次的采样间隔，这样在一个采样周期（125 μs）中主干线路共要传输 24×8+1=193 位二进制数据，即要求主干线路的数据传输速率达到 193 bit/125 μs=1.544 Mbps。因此，利用一条数据传输率为 1.544 Mbps 的信道就可以同时传输 24 路电话，如图 2-13 所示。

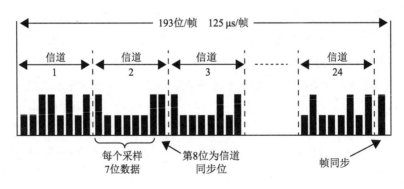

图 2-13　时分多路复用的电话系统

2.3.3　波分多路复用

波分多路复用（wave division multiplexing，WDM）是频率分割技术在光纤中的应用，主要用于全光纤网组成的通信系统中。所谓波分多路复用是指在一根光纤上能同时传送多个波长不同的光信号的复用技术，它实质上是利用了光具有不同波长的特征。

波分多路复用的原理与频分多路复用十分类似，不同的是它利用波分复用设备将不同信道的信号调制成不同波长的光，并复用到光纤信道上；在接收端，又采用波分复用设备分离不同波长的光。用于波分复用的设备在通信系统的发送端和接收端分别称为分波器和合波器。

波分多路复用不仅使得光纤的传输能力成倍增加，还可以利用不同波长沿不同方向传输来实现单根光纤的双向传输。除波分多路复用外，还有光频分多路复用（OFDM）、密集波分多路复用（DWDM）、光时分多路复用（OTDM）、光码分多路复用（OCDM）技术等。其中，光纤的密集波分多路复用技术可极大地增加光纤信道的数量，从而充分利用光纤的潜在带宽，是今后计算机网络系统使用的重要技术。

2.3.4　码分多路复用

码分多路复用（code division multiplexing，CDM）是一种用于移动通信系统的技术，它的实现基础是微波扩频通信。扩频通信的特征是使用比发送的数据速率高许多倍的伪随机码对载荷数据的基带信号的频谱进行扩展，形成宽带低功率频谱密度的信号来发射。

码分多路复用利用扩频通信中不同码型的扩频码之间的相关性为每个用户分配一个扩频编码，以区别不同的用户信号。发送端可用不同的扩频编码，分别向不同的接收端发送数据；同样，接收端进行相应的解码就可得到不同发送端送来的数据。码分多路复用的特点是频率和时间资源均为共享。因此，在频率和时间资源紧缺的情况下，码分多路复用将独具魅力，这也是它受到人们普遍关注的原因。

2.4　数据交换技术

在实际网络中，节点通常采用部分连接的方式，不相邻节点之间的通信只能通过中间节点的转接来实现。这些提供数据中转的节点称为交换节点，它们并不处理流经的数据，只是简单地将数据从一个节点传送给另一个节点，直至到达目的地。

数据交换技术就是交换节点提供数据交换功能所使用的技术。通常使用的数据交换技术有 3 种：电路（线路）交换、报文交换和分组交换。

数据交换技术

2.4.1　电路交换

在电话系统中,当用户进行拨号时,电话系统中的交换机在呼叫者的电话与接收者的电话之间建立一条实际的物理线路,通话便建立起来;此后两端的电话一直使用该专用线路,直到通话结束才能拆除该线路。电话系统中用到的这种交换方式叫作电路交换(circuit switching)技术。

电路交换的通信过程包括线路建立、数据传输和线路释放 3 个过程。在数据开始传输之前,呼叫信号必须经过若干个交换机,得到各交换机的认可,并最终传到被呼叫方。这个过程常常需要 10 秒甚至更长的时间。对于许多应用(如商店信用卡确认)来说,过长的电路建立时间是不合适的。另外,在电路交换系统中,物理线路的带宽是预先分配好的,即使通信双方都没有数据要交换,线路带宽也不能为其他用户所使用,从而造成带宽的浪费。

虽然电路交换存在上述缺点,但它有两个明显的优点:第一是传输延迟小,唯一的延迟是物理信号的传播延迟,因为一旦建立物理连接,便不再需要交换开销;第二是一旦线路建立,通信双方便独享该物理线路,不会与其他通信发生冲突。

2.4.2　报文交换

报文交换(message switching)属于存储转发式交换,事先并不建立物理线路,当发送端有数据要发送时,它将要发送的数据当作一个整体交给交换节点,交换节点先将报文存储起来,然后选择一条合适的空闲输出线将数据转发给下一个交换节点,如此循环往复直至将数据发送到目的节点。采用这种技术的网络就是存储转发网络。

在报文交换中,一般不限制报文的大小,这就要求网络中的各个中间节点必须使用磁盘等外设来缓存较大的数据块。同时某一块数据可能会长时间占用线路,导致报文在中间节点的延迟非常大(一个报文在节点的延迟时间等于接收整个报文的时间加上该报文在节点等待输出线路所需的排队延迟时间),这使得报文交换不适用于交互式数据通信。

2.4.3　分组交换

分组交换(packet switching)又称包交换,是报文交换的改进,与报文交换同属存储转发式交换。在分组交换中,用户的数据被划分成一个个大小相同的分组(packet),这些分组称为"包"。这些"包"缓存在交换节点的内存而不是磁盘中,通过不同的线路到达同一目的节点。由于分组交换能够保证任何用户都无法长时间独占传输线路,因而它非常适用于交互式通信。

在分组交换中,根据传输控制协议和传输路径不同,可将其分为两种方式:数据报分组交换和虚电路分组交换。

1. 数据报分组交换

在该方式中，每个数据分组又称为数据报。发送端将数据报按顺序发送，每个数据报在传输过程中按照不同的路径到达目的节点，因此接收端收到的数据报的顺序与发送顺序是不同的，接收端还需要按照报文的分组顺序将这些数据报组合成完整的数据。

2. 虚电路分组交换

虚电路方式是将数据报方式与电路交换方式结合起来，在发送数据分组之前，首先在发送端和接收端之间建立一条通路。通路建立后，数据分组将依次沿此路径进行传输。因此，接收端收到的数据分组的顺序与发送顺序是相同的。

但是与电路交换不同的是，虚电路方式建立的通路不是一条专用的物理线路，而只是一条路径，因此称为"虚电路"。数据分组经过时，路径中的每个节点还是需要存储数据并等待队列输出。

2.4.4 三种交换技术的比较

电路交换技术、报文交换技术和分组交换技术的比较如图 2-14 所示。

比较图 2-14（b）和图 2-14（c），可以看到：在具有多个分组的报文中，分组交换中的中间节点在接收第二个分组之前，就可以转发已经接收到的第一个分组，即各个分组可以同时在各个节点对之间传送，这样就减少了传输延迟，提高了网络的吞吐量。

分组交换除吞吐量较高外，还提供了一定程度的差错检测和代码转换能力。因此，计算机网络常常使用分组交换技术，偶尔才使用电路交换技术，但一般不使用报文交换技术。当然，分组交换也存在许多问题，如拥塞、报文分片和重组。

电路交换和分组交换两种技术有许多不同之处，主要体现在以下 3 个方面。

◆ **信道带宽的分配方式不同**：电路交换中信道带宽是静态分配的，而分组交换中信道带宽是动态分配的。在电路交换中已分配的信道带宽未使用时都会被浪费掉。而在分组交换中，这些未使用的信道带宽可以被其他分组所利用，从而提高了信道的利用率。

◆ **收发双方的传输要求不同**：电路交换是完全透明的，发送端和接收端可以使用物理线路支持范围内的任何速率、任意帧格式来进行数据通信。而在分组交换中，发送端和接收端必须按一定的数据速率和帧格式进行通信。

◆ **计费方法不同**：在电路交换中，通信双方是独占信道带宽的，因此通信费用取决于通话时间和距离，而与通信流量无关。而在分组交换中，通信费用主要按通信流量（如字节数）来计算，适当考虑通话时间和距离。因特网电话（Internet phone）就是使用分组交换技术的一种新型通信方式，它的通信费用远远低于传统电话。

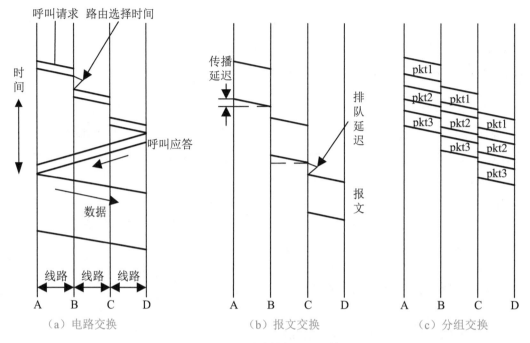

图 2-14　三种交换技术的比较

2.5　差错控制技术

数据在信道上传输时，由于线路热噪声的影响、信号的衰减、相邻线路间的串扰等各种原因，不可避免地会造成接收的数据和发送的数据不一致，这种现象称为传输差错，简称差错。

2.5.1　产生差错的原因

差错主要是由外界的干扰引起的。外界的干扰也称噪声干扰，主要有热噪声和冲击噪声两种。

（1）热噪声是传输电路中的电子热运动产生的，它的特点是持续存在、幅值较小、幅度较均匀且与频率无关，但频带很宽，具有随机性。由热噪声引起的差错称为随机差错。

（2）冲击噪声是由外界干扰造成的。与热噪声相比，冲击噪声的幅度很大，持续时间短。这类噪声可以搏击相邻的多位数据位，从而导致更多的差错。冲击噪声是网络数据传输中引起传输差错的主要原因。由冲击噪声引起的传输差错称为突发差错。

在通信过程中产生的差错是由随机差错和突发差错共同构成的。此外，信号的幅度衰减、传播的速率改变、相邻两通条线路的串扰等因素也会引起传输差错。

2.5.2 差错控制编码

要提高通信质量，一是要改善传输信道的传输特性；二是采取差错控制技术，检测和纠正传输数据中可能出现的差错，以保证数据传输的正确性。

最常用的差错控制方法是差错控制编码，即在发送的报文中附加校验码，便于接收端检测到有差错的报文后进行纠错。常用的校验码有奇偶校验码和循环冗余码。

1. 奇偶校验码

奇偶校验码是最简单的校验码，其编码规则是：先将要传送的数据分组，并在每组数据后面附加一位冗余位，即校验位，使分组中包括冗余位在内的数据中"1"的个数保持为奇数（奇校验）或偶数（偶校验）。在接收端按照同样的规则进行检查，只有"1"的个数仍符合原定的规则才认为传输正确，否则认为传输出错。

例如，传输数据为"1010010"，采用奇校验时附加位为"0"，因此传输数据变为"10100100"。如果接收端收到的数据中有一位出错（如 10110100），此时奇校验就可以检查出错误。但是若接收端收到的数据中有两位出错（如 01100100），此时奇校验就无法检查出错误。因此，奇偶校验一般只能用于通信要求较低的环境，且只能检测错误，无法确认错误位置及纠正错误。

2. 循环冗余码

循环冗余码（cyclic redundancy code，CRC），又称多项式码，是目前使用最广泛且检错能力很强的一种检错码。CRC 的工作方法是在发送端产生一个冗余码，附加在信息位后面一起发送到接收端，接收端收到信息后按照与发送端形成循环冗余码同样的算法进行校验，如果发现错误，则通知发送端重发。

CRC 将整个数据块当作一串连续的二进制数据，把各位看成是一个多项式的系数，则该数据块就和一个 n 次多项式 $M(X)$ 相对应。例如，信息码 1101 对应的多项式为

$$M(X)=X^3+X^2+X^0 。$$

CRC 在发送端编码和接收端校验时，可以利用事先约定的生成多项式 $G(X)$ 来计算冗余码。CRC 中使用的生成多项式由协议规定，目前国际标准中常用的 $G(X)$ 包括以下几种。

◆ CRC-12：$G(X)=X^{12}+X^{11}+X^3+X^2+X+1$
◆ CRC-16：$G(X)=X^{16}+X^{15}+X^2+1$
◆ CRC-CCITT：$G(X)=X^{16}+X^{12}+X^5+1$
◆ CRC-32：$G(X)=X^{32}+X^{26}+X^{23}+X^{22}+X^{16}+X^{12}+X^{11}+X^{10}+X^8+X^7+X^5+X^4+X^2+X+1$

CRC 编码步骤如下（设 r 为生成多项式 $G(X)$ 的阶）。

（1）在原信息码后面附加 r 个 "0"，得到一个新的多项式 $M'(X)$（也可看成二进制数）。

（2）用模 2 除法求 $M'(X)/G(X)$ 的余数，此余数就是冗余码。

（3）将冗余码附加在原信息码后面即为最终要发送的信息码。

例如，假设准备发送的数据信息码为 11001011，生成多项式采用 $G(x)=X^4+X^3+X+1$，计算使用 CRC 后最终发送的信息码。

解：（1）$G(x)=X^4+X^3+X+1$，故 $r=4$，在原信息码后面附加 4 个 "0"，因此 $M'(X)=110010110000$（二进制形式）。

（2）$G(x)=11011$（二进制形式），用模 2 除法求 $M'(X)/G(X)$ 的余数（即冗余码）。

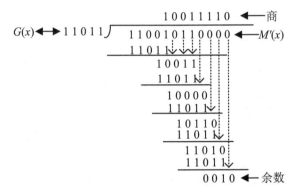

（3）将冗余码直接附加在原信息码后面，可得到最终要发送的信息码为 110010110010。

 知识库

模 2 运算是指按位模 2 加减为基础的四则运算，包括模 2 加、模 2 减、模 2 乘、模 2 除。模 2 运算中每一位计算的结果不影响其他位，即 "加不进位，减不借位"。模 2 加减的运算规则是：两数相同则结果为 0，两数不同则结果为 1，等同于 "异或" 运算。模 2 除与算数除法类似，但每一位除的结果不影响其他位，例如：

```
              1011
      1101)1111000
           1101
           001000
           001101
            01010
             1101
             0111
```

拓展阅读

从国货之光到中国骄傲：华为助力中国航天

2021 年 6 月 17 日，神舟十二号顺利发射，三位航天英雄顺利进入空间站，开启了为期三个月的"太空之旅"。通过太空直播视频我们发现，在空间站的工作之外，航天员们还可以连接 Wi-Fi，用手机或其他智能设备浏览新闻、和家人视频通话等等，真实呈现了我们对神秘太空的科学幻想。

在航天员"大型太空吃播"现场中，不少细心的网友发现，在科学专业的空间站作业中，惊现不少我们日常生活中也在高频率使用的科技单品，用于空间站的办公和日常生活。其中，被眼尖的网友发现的华为产品有华为 P30 手机、华为 Freebuds Studio 头戴耳机、华为 MatePad Pro 平板电脑。经过网友的热闹吃瓜讨论后，这也被华为消费者业务手机产品线总裁亲自发文认领"感谢中国航天员的选择，很荣幸能以这种方式参与伟大的航天事业。"

通过宇航员们在空间站的日常工作、生活，让我们见识到了祖国科技的强大，也让我们认识到了众多在空间站上使用的国产品牌。相信随着国内科技发展的日益强大，将会有更多的国产品牌走出国门，让世界为之羡慕。

习　题

1. 判断题

（1）误码率是衡量数据通信系统正常工作状态下传输可靠性的重要参数。　（　　）

（2）当一个波形代表的有效状态数为 2 时，波特率和比特率在数值上相等，因此它们的含义相同。　（　　）

（3）通信技术中按照信息传输方向与时间的关系，可以分为单工通信、双工通信和半双工通信 3 种。　（　　）

（4）数据双向传输不能同时进行的通信模式叫作半双工通信。　（　　）

（5）异步传输的传输单位为字节，并以起始位和停止位作为分隔。　（　　）

（6）在数字通信信道上，直接传送基带信号的方法称为基带传输。　（　　）

（7）非归零编码的优点是收发双方可以根据自带的"时钟"信号来保持同步，无须专门传递同步信号的线路。　（　　）

（8）在数字通信中，使收发双方在时间基准上保持一致的技术是交换技术。　（　　）

（9）多路复用技术是指利用一条信道同时传输多路信号。　　　　　　（　　　）

（10）计算机网络中使用最多的交换技术是分组交换技术。　　　　　　（　　　）

2. 选择题

（1）衡量网络上数据传输速率的单位是 bps，其含义是（　　　）。

    A．数据每秒传送多少千米　　　　　　　B．数据每秒传送多少米

    C．每秒传送多少个二进制位　　　　　　D．每秒传送多少个数据位

（2）如果网络节点传输 10 bit 数据需要 1×10^{-8} s，则该网络的数据传输速率是（　　　）。

    A．10 Mbps　　　　B．1 Gbps　　　　C．100 Mbps　　　　D．10 Gbps

（3）误码率是指二进制码元在数据传输系统中被传错的（　　　）。

    A．比特数　　　　B．字节数　　　　C．比例　　　　D．速度

（4）采用半双工通信方式时，数据传输的方向性结构为（　　　）。

    A．可以在两个方向上同时传输

    B．只能在一个方向上传输

    C．可以在两个方向上传输，但不能同时进行

    D．以上均不对

（5）在同一信道上的同一时刻，能够进行双向数据传送的通信方式为（　　　）。

    A．单工通信　　　　　　　　　　　　　B．全双工通信

    C．半双工通信　　　　　　　　　　　　D．以上三种均不是

（6）要使模拟信号能够在数字信道上传输，须使用（　　　）技术。

    A．调制解调　　　　　　　　　　　　　B．脉码调制

    C．曼彻斯特编码　　　　　　　　　　　D．调频

（7）脉冲编码调制技术的实现步骤不包括（　　　）。

    A．采样　　　　B．量化　　　　C．调频　　　　D．编码

（8）将物理信道的总频带宽分割成若干个子信道，每个子信道传输一路信号，这就是（　　　）。

    A．同步时分多路复用　　　　　　　　　B．波分多路复用

    C．异步时分多路复用　　　　　　　　　D．频分多路复用

（9）将一条物理信道按时间分成若干时间片轮换地给多个信号使用，每个时间片由一个信号占用，这样可以在一条物理信道上传输多个数字信号，这就是（　　　）。

    A．频分多路复用　　　　　　　　　　　B．时分多路复用

    C．空分多路复用　　　　　　　　　　　D．频分与时分混合多路复用

（10）下列交换方式中，实时性最好的是（　　　）。

    A．电路交换　　　　　　　　　　　　　B．虚电路分组交换

    C．数据报分组交换　　　　　　　　　　D．各种方法都一样

（11）以下采用分组交换技术的是（　　）。

　　A．电报　　　　　　　　　　　　　　B．专线电话

　　C．广播系统　　　　　　　　　　　　D．IP 电话

（12）在点对点网络中，每条物理线路连接一对计算机。假如两台计算机之间没有直接连接的线路，那么它们之间的分组传输就要通过中间节点的（　　）。

　　A．转发　　　　　　B．广播　　　　　　C．接入　　　　　　D．共享

（13）与电路交换方式相比，分组交换方式的优点是（　　）。

　　A．信道利用率高　　　　　　　　　　B．实时性好

　　C．容易实现　　　　　　　　　　　　D．适合多媒体信息传输

（14）不同的交换方式具有不同的性能。如果要求数据在网络中的传输时延最小，应选用的交换方式是（　　）。

　　A．电路交换　　　　　　　　　　　　B．报文交换

　　C．分组交换　　　　　　　　　　　　D．信元交换

（15）差错主要是由外界的干扰引起的，主要有（　　）两种。

　　A．热噪声和冷噪声　　　　　　　　　B．热噪声和冲击噪声

　　C．冷噪声和冲击噪声　　　　　　　　D．热噪声和突发噪声

3．综合题

（1）数据通信系统的组成部分有哪些？数据通信系统的主要技术指标有哪些？

（2）波特率与比特率有何关系？

（3）什么是单工、半双工、全双工通信方式？举出生活中的例子。

（4）数字信号的基本传输方式分为哪两大类？每类中的编码技术有哪些？

（5）若二进制数据为 00100110，分别画出其经过非归零编码、曼彻斯特编码和差分曼彻斯特编码后的码型（初始高电平有效）。

（6）简述电路交换、报文交换、分组交换的原理，并比较它们的区别。

（7）如果某一数据通信系统采用 CRC 校验方式，要发送的数据比特序列为 11011101，生成多项式 $G(X)=X^4+X^2+1$。如果数据传输过程中没有发生传输错误，那么接收端接收到的带有 CRC 校验码的数据比特序列是什么？

第 3 章
网络体系结构

 章首导读

计算机网络是一个庞大的、多样化的复杂系统,涉及多种通信介质、多厂商和异种机互连、高级人机接口等各种复杂的技术问题。要使这样一个系统高效、可靠地运转,网络中的各个部分都必须遵守一套合理而严谨的网络标准。这套网络标准就是网络体系结构。

本章主要介绍网络体系结构的基本概念,以及开放式系统互连(OSI)参考模型和TCP/IP 参考模型的分层结构及各层功能。

 学习目标

- 了解分层设计的思想和网络协议的概念。
- 掌握 OSI 参考模型的分层结构及各层功能。
- 掌握 OSI 参考模型中数据传输的过程。
- 掌握 TCP/IP 参考模型的分层结构及各层功能。
- 理解 OSI 参考模型和 TCP/IP 参考模型的区别。

 素质目标

- 增强严格遵守标准规范的意识,养成良好的职业素养。
- 注重学思结合、知行统一,树立正确的职业观。
- 弘扬勇于探索未知、追求真理的精神。

3.1 网络体系结构概述

网络体系结构是计算机网络技术中的一个重要概念，它将计算机互联的功能划分成有明确定义的层次，并规定同层次实体通信的协议及相邻层之间的接口服务，以给出网络通信的一般解决办法。简单来说，网络体系结构就是网络各层及其协议的集合。因此，要理解网络体系结构，就必须了解网络体系结构的分层设计思想和网络协议。

3.1.1 分层设计

为了减少网络设计的复杂性，绝大多数网络采用分层设计方法。所谓分层设计方法，就是按照信息的流动过程将网络的整体功能分解为一个个功能层，同一机器上的相邻功能层之间通过接口进行信息传递，不同机器上的同等功能层之间采用相同的协议。

分层设计思想

为了便于理解分层设计的思想，下面以邮政通信系统为例进行说明。如图 3-1 所示，整个通信过程中主要涉及 3 个层次，即用户子系统、邮局子系统和运输部门子系统。

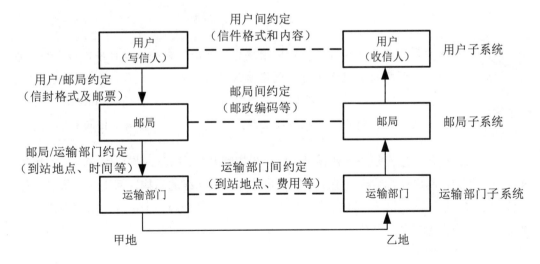

图 3-1 邮政通信系统分层模型

从图 3-1 中可以看出，邮政通信系统中的各种约定都是为了将信件从写信人送到收信人而设计的，也就是说，它们是因信息的流动而产生的。这些约定可以分为两种，一种是同等机构间的约定，如用户之间的约定、邮局之间的约定和运输部门之间的约定；另一种是不同机构间的约定，如用户与邮局之间的约定、邮局与运输部门之间的约定。

在计算机网络中，两台计算机中两个程序之间进行通信的过程与邮政通信的过程十分相似。应用程序对应于用户，计算机中进行通信的进程（也可以是专门的通信处理机）对应于邮局，通信设施对应于运输部门。

计算机网络的层次模型如图 3-2 所示。不同计算机同等层之间的通信规则就是该层使用的协议，如有关第 N 层的通信规则的集合就是第 N 层的协议。而同一计算机的不同功能层之间的通信规则称为接口（interface），如在第 N 层和第（N-1）层之间的接口称为 N/（N-1）层接口。对于不同的网络，它的分层数量，各层的名称、功能和协议都各不相同。但是，在所有的网络中，每一层的目的都是向它的上一层提供服务，并隐藏下层的实现细节。

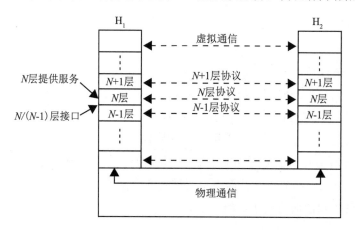

图 3-2　计算机网络的层次模型

> **提示**　协议层次化不同于程序设计中模块化的概念。在程序设计中，各模块可以相互独立，任意拼装或者并行。网络协议层次则有上下之分，它是依数据的流动而产生的。组成不同计算机同等层的实体称为对等进程（peer process）。对等进程不一定非是相同的程序，但其功能必须完全一致，且采用相同的协议。

计算机网络体系结构是关于计算机网络应设置哪几层，每层应提供哪些功能的精确定义。也就是说，网络体系结构只是从功能上描述计算机网络的结构，而不关心每层硬件和软件的组成，也不解决这些硬件或软件的实现问题，它只是为各个标准化组织制定协议标准提供了一个参考模型。因此，网络体系结构是众多现有网络标准的抽象，也是制定新的网络标准与协议的准则。

3.1.2　网络协议

想要让两台计算机进行通信，必须使它们采用相同的信息交换规则。计算机网络中用于规定信息的格式及如何发送和接收信息的规则称为网络协议（network protocol）或通信协议（communication protocol）。

网络协议主要由以下 3 个要素组成。

- ◆ 语法：规定用户数据与控制信息的结构与格式。
- ◆ 语义：规定通信双方需要发出何种控制信息、完成何种动作及做出何种响应等。
- ◆ 时序：又称"同步"，用于规定事件实现顺序的详细说明，即通信双方动作的时间、速度匹配和事件发生的顺序等。

3.2　OSI 参考模型

世界上第一个网络体系结构是 1974 年由 IBM 公司提出的"系统网络体系结构（system network architecture，SNA）"。此后，许多公司纷纷推出了各自的网络体系结构。虽然这些体系结构都采用了分层技术，但层次的划分、功能的分配及采用的技术均不相同。随着信息技术的发展，不同结构的计算机网络互联已成为迫切需要解决的问题。

OSI 参考模型概述

为此，许多标准化机构积极开展了网络体系结构标准化方面的工作，其中最为著名的就是国际标准化组织 ISO 提出的开放式系统互连参考模型（open system interconnection/reference model，OSI/RM），即 OSI 参考模型。

OSI 参考模型并不是一个特定的硬件设备或一套软件例程，而是一种严格的理论模型，是厂商在设计硬件和软件时必须遵循的通信准则。OSI 参考模型是一个开放式系统模型，它的目的就是在不需要改变不同系统的软硬件逻辑结构的前提下，使不同系统之间可以通信。

应用层
表示层
会话层
传输层
网络层
数据链路层
物理层

图 3-3　OSI 参考模型的结构

OSI 参考模型从下到上由物理层、数据链路层、网络层、传输层、会话层、表示层和应用层组成，如图 3-3 所示。低层（物理层、数据链路层）执行的功能与物理通信相关，如构建帧、传输比特流；中间层（网络层、传输层、会话层）协调节点间的网络通信，如确保通信会话无中断、无差错地持续进行；高层（表示层、应用层）的工作直接影响软件应用和数据表示，包括数据格式化、数据加密及文件传输管理。

3.2.1　物理层

物理层是 OSI 参考模型的最低层，主要为通信提供物理链路，并在两个网络设备之间透明地传输比特流。物理层的数据服务单元是比特，它可以通过同步或异步的方式进行传输；但是物理层并不关心比

物理层

特流的实际意义和结构。

物理层为建立、维护和释放数据链路实体之间的二进制比特流传输的物理连接定义了机械、电气、功能和规程特性。

- ◆ 机械特性：规定了物理连接时所使用可接插连接器的形状和尺寸，连接器中引脚的数量与排列情况等。
- ◆ 电气特性：规定了在物理连接上传输二进制比特流时线路上信号电平高低、阻抗及阻抗匹配、传输速率与距离限制。早期的标准定义了物理连接边界点的电气特性，而较新的标准定义了发送器和接收器的电气特性，同时给出了通信电缆的有关规定。新的标准更有利于发送和接收电路的集成化工作。
- ◆ 功能特性：规定了物理接口上各条信号线的功能分配和确切定义。物理接口信号线一般分为数据线、控制线、定时线和地线。
- ◆ 规程特性：定义了信号线进行二进制比特流传输时的一组操作过程，包括各信号线的工作规则和时序。

物理层硬件接口主要包括各种传输介质和传输设备的接口，常用的物理接口有 RJ-45（网线接口）和 RS-485（串口）。由于传输介质和传输设备种类繁多，因此物理层接口的标准也非常多。不同物理层接口标准在以上 4 个重要特性方面不尽相同。

3.2.2 数据链路层

数据链路层是 OSI 参考模型的第二层，其作用主要是将由物理层传来的数据封装成帧（frame），并保证帧在计算机之间进行无差错传输。

数据链路层分为 MAC 和 LLC 两个子层。MAC（介质访问控制）子层的功能包括帧的封装/拆封，帧的寻址和识别，帧的接收与发送，链路的管理，帧的差错控制等；LLC（逻辑链路控制）子层负责为上层提供服务，如从上层接收数据并发送到 MAC 层。

数据链路层

工作在数据链路层的设备包括二层交换机、网桥等。此外，网卡既工作在物理层，也工作在数据链路层，负责传输介质之间的物理连接，帧的发送与接收、封装与拆封等。

 知识库

物理线路与数据链路是网络中常用的术语，两者的含义是不同的。

在通信技术中，人们常用链路（link）这个术语来描述一条点对点的线路段，这条线路段中间是没有任何交换节点的。当需要在一条链路上传送数据时，除了必须具有一条物理线路之外，还必须有一些规程或协议来控制这些数据的传输，以保证传输数据的正确性。实现这些规程或协议的硬件和软件加上物理线路就构成了数据链路。

此外，一般所说的物理链路就是指物理线路，逻辑链路就是指数据链路。

数据链路层的主要功能包括链路管理、流量控制、差错处理、帧同步和寻址。

（1）链路管理：当两个节点开始通信时，发送端必须确定接收端处在准备接收数据的状态。为此，双方必须交换一些必要的信息，然后建立数据链路连接；同时，在传输数据时要维持数据链路；当通信完毕时要释放数据链路。数据链路的建立、维持和释放就是链路管理。

（2）流量控制：为防止传输数据的双方速度不匹配或接收端没有足够的接收缓存而导致数据拥塞或溢出，数据链路层必须采用流量控制技术来控制流量，使接收端来得及接收发送端发送的数据。

（3）差错处理：数据链路层采用差错控制技术，把不可靠的物理线路变为可靠的数据链路，从而保证数据传输的正确性。数据链路层实体将对帧的传输过程进行检查，发现差错用重传方式解决。

（4）帧同步：在数据链路层，数据以帧为单位进行传输。帧同步是指接收端应当能从来自物理层的比特流中准确地区分出一帧的开始和结束。

（5）寻址：在多点连接的情况下，寻址保证每一帧都能传送到正确的目的节点。同时，接收端也应当知道发送端是哪一个节点。

3.2.3　网络层

数据链路层仅提供点对点的数据链路，不能直接提供用户数据的端到端之间的传输，也就无法解决数据经过通信子网中多个交换节点的通信问题。网络层位于 OSI 参考模型的第三层，它的数据传输单位是包/分组（packet），通过读取数据包获取地址信息并将每一个数据包沿最佳路径转发直至到达目的节点。

网络层

网络层允许数据包通过路由从一个网络传输到另一个网络，而用户不必关心网络的拓扑结构和所使用的通信介质。也就是说，网络层可以用于为两个不同网络或网段之间的计算机建立通信。

1. 网络层的功能

网络层的主要功能包括路由选择、流量控制和多用户数据传输。

1）路由选择

网络层的关键问题是进行路由选择，以确定数据包如何到达目的节点。通信子网中的路径是指从源节点到目的节点之间的一条通路，一般在两个节点之间都会有多条路径可供选择。路由是指在通信子网中，源节点和中间节点为将数据包传送到目的节点而对其后继节点进行选择的过程。为确定最佳路由，网络层需要持续地收集有关各个网络和节点地址的信息。

2）流量控制

网络中多个层次都存在流量控制问题，网络层的流量控制则通过限制用户一次性提交给网络的数据包个数对进入分组交换网的通信量进行控制，以防因通信量过大而造成通信子网性能下降。

3）多用户数据传输

为了在一条数据链路（data link，DL）上传输多个用户的数据，可将一条 DL 划分为若干条逻辑链路，即逻辑信道（logic circuit，LC）。每条逻辑信道支持一对用户的数据传输，并且利用 LC 号来区分不同用户的数据。

2. 网络层提供的服务

从 OSI 参考模型的角度看，网络层所提供的服务可分为两类：面向连接的网络服务和无连接网络服务。

1）面向连接的网络服务

面向连接的网络服务又称为虚电路（virtual circuit）服务，它具有网络连接建立、数据传输和网络连接释放三个阶段，是可靠的传输方式，适用于确定型对象、长报文、会话型传输要求。

虚电路服务在数据传送前必须在源节点和目的节点之间建立一条虚电路。值得注意的是，虚电路的概念不同于电路交换技术中电路的概念。后者对应着一条实实在在的物理线路，是通信双方的物理连接。而虚电路是指在通信双方之间建立了一条逻辑连接，不独占信道带宽，数据沿逻辑连接路径以存储转发方式传输。

2）无连接网络服务

无连接网络服务的两个实体之间的通信不需要事先建立好连接。无连接网络服务有三种类型：数据报（datagram）、确认交付（confirmed delivery）与请求回答（request reply）。其中，数据报服务不要求接收端应答，这种方法额外开销较小，但可靠性无法保证；确认交付服务要求接收端用户每收到一个报文均给发送端回送一个应答报文；请求回答类似于一次事务处理中用户的"一问一答"。

虚电路方式与数据报方式之间的最大差别在于：虚电路方式为每一对节点之间的通信预先建立一条虚电路，后续的数据通信沿着建立好的虚电路进行，不必为每个数据包进行路由选择；而在数据报方式中，需为每一个进入的数据包进行一次路由选择，也就是说，每个数据包的路由选择都独立于其他数据包。

3.2.4 传输层

传输层位于 OSI 参考模型的第四层，它是网络中资源子网与通信子网的桥梁，主要负责确保数据可靠、无差错地从 A 点传输到 B 点（A、B 点可能位于相同或不同的网络）。

传输层

传输层的功能是在网络层提供服务的基础上建立的，其任务是向用户提供可靠的、透明的、端到端的数据传输，并采用一些技术手段弥补用户对不同网络的要求及网络可向用户提供的服务之间的差异，使用户无须了解网络传输的细节，就能获得相对稳定的数据传输服务。

传输层采用的技术手段主要有以下几种。

（1）分流/合流技术：利用多条网络连接来支持一条传输连接上的数据传输，目的是使低吞吐量、低速率和高传输延迟的网络可以满足用户高速传输数据的需求。

（2）复用/解复用技术：将多条传输连接上的数据汇集到一条网络连接上传输，使具有高吞吐量、高速率和低传输延迟且高费用的网络可以满足用户低成本传输的需求。

（3）分段/合段技术：将一个长的传输服务数据单元分成若干个传输协议数据单元进行传输，使传输长度有限的网络可以满足用户无限长度数据传输的需求。

（4）差错检测和恢复技术：目的是使差错率较高的网络可以满足用户高可靠性数据传输的需求。

（5）流量控制技术：对连续传输的协议数据单元个数进行限制，从而避免网络拥塞。

传输层传输信息的基本单位是报文（message）。传输层提供的服务包括标识和维护传输连接（建立和释放连接，以及选择服务质量），提供流量控制，差错检查与恢复，常规数据/加速数据的传输等。

 这里的流量控制和差错检查都是指端到端的流量控制和差错检查，与数据链路层的流量控制和差错检查功能不同。

3.2.5　会话层

传输层可以保证用户数据按照要求从网络的一端传输到另一端，但在数据传输过程中用户如何进行控制信息的交互，网络应当提供什么样的功能来协助用户管理信息交换？为了解决上述问题，OSI 参考模型设置了会话层。

会话层

1. 会话层的功能

会话是指用户之间的信息交换过程。会话层的功能是向会话的应用进程提供会话组织和同步服务，对数据的传输提供控制和管理功能，以协调会话过程，为表示层实体提供更好的服务。具体实现技术包括以下 4 种。

（1）利用令牌技术来保证数据交换、会话同步的有序性，拥有令牌的一方可以发送数据或执行其他动作。

令牌（也称"权标"），是会话连接的一种属性。例如，数据令牌标识用户发送数据的权利，谁掌握令牌，谁就有权发送数据；当通信的另一方需要发送数据时，首先要申请令牌。当掌握令牌的一方数据传输完毕或数据传输告一段落时可以释放令牌，将令牌"传递"给通信的另一方。

（2）利用活动和同步技术来保证用户数据的完整性，并让用户知道数据交换的整个过程。

为完成数据交换，通信双方需要按一定规则在会话层实体之间建立一种暂时的联系，即会话连接。在会话连接过程中，可以把用户之间的数据交换分成若干个逻辑工作段，这些工作段就称为活动。活动的内容具有相对的独立性和完整性。

同步技术是指对用户数据进行语义上的分段，便于接收端对所接收信息进行验证。

（3）利用分段和拼接技术来提高数据交换的效率，多块用户数据可以合并在一起进行传输。

（4）利用重新同步技术来实现用户会话的延续性，支持传输过程中的故障修复。

2. 会话层提供的服务

会话层提供了丰富的服务来支持用户对数据交换的控制和管理。为了便于会话层服务的实现，OSI 参考模型将这些服务进行了分类，组合成 12 个功能单元：核心功能单元（支持会话连接的建立和释放，以及常规数据的传输）、协商释放功能单元、半双工功能单元、全双工功能单元、加速数据功能单元、特权数据功能单元、能力数据功能单元、次同步功能单元、主同步功能单元、重新同步功能单元、异常报告功能单元、活动管理功能单元。

为了方便用户选择合适的功能单元，会话服务定义了 3 个子集。

◆ 基本组合子集（BCS）：为用户提供会话连接建立、正常数据传送、令牌的处理及连接释放等基本服务。

◆ 基本同步子集（BSS）：在 BCS 的基础上增加为用户通信过程同步的功能，能在出错时从指定的同步点处进行恢复，减少差错重传的数据量。

◆ 基本活动子集（BAS）：在 BCS 的基础上加入了活动管理。

3 个子集与 12 个功能单元的对应关系如表 3-1 所示。

表 3-1　子集与功能单元的对应关系

功能单元	BCS	BSS	BAS	功能单元	BCS	BSS	BAS
核心	√	√	√	次同步		√	√
半双工	√	√	√	主同步		√	
全双工	√	√		重新同步			
特权数据		√	√	加速数据			
异常报告			√	活动管理			√
协商释放		√		能力数据			√

3.2.6　表示层

计算机网络的最终目的是实现用户之间的数据交换。但是，不同的计算机系统可能采用不同的信息编码，或者具有不同的信息描述和表示方法，如果不加以处理，可能导致通信的计算机系统之间无法正确地识别信息。

表示层和应用层

设置表示层的目的就是屏蔽不同计算机在信息表示方面的差异，其功能包括传送语法的协商，以及抽象语法和传送语法之间的转换。通信双方在建立通信关系后，首先要进行协商，协商内容包括采用什么数据编码进行传输，传输过程中数据是否要加密和压缩，采用什么加密和压缩算法等。协商结束后选择一种双方都能处理的数据表示方式进行通信。

例如，用户 A 希望传送一个文件给用户 B，双方协商后采用 ASCII 码进行传输。用户 A 发送以 ASCII 码编码的数据，用户 B 接收到 ASCII 码数据后将其转换成 EBCDIC 码数据，如图 3-4 所示。通过这种转换来统一表示被传送的数据，使得通信双方使用的计算机系统都可以识别信息。

图 3-4　计算机系统间语法转换

3.2.7 应用层

应用层是 OSI 参考模型的最高层，它为网络用户和应用程序提供各种服务，也是最终用户应用程序访问网络服务的地方。例如，如果在网络上运行 Microsoft Word，并选择打开一个文档，请求将由应用层传输到网络。应用层提供的服务包括文件传输、文件管理、电子邮件的信息处理等。

"应用层"并不是指运行在网络上的某个特定的应用程序，如 Microsoft Word。经过抽象后的应用进程才是应用实体。对等到应用实体间的通信使用不同的应用协议。常见的应用层协议有 FTP、HTTP、SNMP 等。

3.2.8 OSI 参考模型中的数据传输

在网络通信过程中，为了确保数据能够顺利、准确地传送到目的地，需要 OSI 参考模型的各层对数据进行相应的处理。以主机 A 向主机 B 传输数据为例（见图 3-5），数据在通过主机 A 各层时，每层都会为上层传来的数据加上一个信息头或尾（作为主机 B 的对等层处理数据的依据），然后向下层传输，这个过程可以理解为对数据的封装。

OSI 参考模型中
的数据传输

当经过层层封装的数据最终通过传输介质传输到主机 B 后，主机 B 的每一层再对数据进行相应的处理（自下而上），把信息头或尾去掉，最后还原成实际的数据，即执行主机 A 的逆过程，这个过程可以理解为对数据的解封。

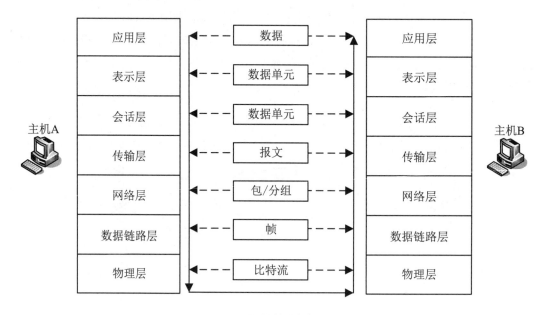

图 3-5　数据的封装与解封过程

> **提示**　在物理上，数据在发送端主机各层中是自上而下封装，最后通过传输介质到达对方主机，再在接收端主机各层中自下而上解封。但是在逻辑上，发送端和接收端每一层只负责处理当前层的事情，并不需要关心其他层的具体事情。

下面通过发送和接收电子邮件的例子，说明在 OSI 参考模型中传输数据的具体过程。

（1）在某台计算机上写好电子邮件后，提出发送邮件到远程邮件服务器的请求，应用层会识别该请求，并将请求传输到表示层。

（2）表示层判断是否要对数据格式进行转换及如何转换等，然后在数据中加入相应的代码信息，并将请求传输到会话层。

（3）会话层接收到表示层发过来的请求后，给该请求添加一个数据标记符，指示用户有权限传输数据（即可以建立会话），然后将数据传输到传输层。

（4）在传输层，数据被分割成若干数据段，并在每个数据段的头部加上 TCP 报头（包含源端和目标端的端口号，以实现端到端的连接和通信），然后将封装好的数据传输到网络层。在传输层中封装好的数据称为报文（message）。

（5）网络层为数据添加逻辑地址信息，即在 TCP 报头前添加 IP 报头（包含数据的原逻辑地址和目标逻辑地址），这时称该数据为包或分组。然后将数据包传输到数据链路层。

（6）数据包达到数据链路层后，先进入 LLC 子层加上 LLC 头部，然后进入 MAC 子层加上 MAC 头部和一个 FCS 尾部。数据在数据链路层中会被封装成帧并传输到物理层。

（7）数据帧被传输到物理层后，物理层不添加任何信息，直接把数据帧发送到传输介质并以比特流的形式传输。

（8）当数据达到另一端邮件服务器的物理层时，反向执行上述过程。

3.3　TCP/IP 参考模型

OSI 参考模型虽然是国际标准，但是它层次多、结构复杂，在实际中完全遵从 OSI 参考模型的协议几乎没有。目前流行的网络体系结构是 TCP/IP 参考模型，它已成为计算机网络体系结构事实上的标准，Internet 就是基于 TCP/IP 参考模型建立的。

TCP/IP 参考模型是将多个网络进行无缝连接的体系结构，共包含 4 个功能层，自下而上依次为网络接口层、网际层、传输层和应用层，每一层负责不同的通信功能。与 OSI 参考模型的分层不同，TCP/IP 参考模型的分层更加注重互连设备间的数据传输。但是，OSI 参考模型和 TCP/IP 参考模型的分层有一个大致的对应关系，如图 3-6 所示。

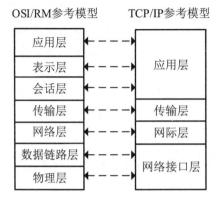

图 3-6　OSI 参考模型与 TCP/IP 参考模型之间的关系

3.3.1　网络接口层

网络接口层是 TCP/IP 参考模型的最低层。事实上，TCP/IP 参考模型并没有真正定义这一部分，只是指出其主机必须使用某种协议与网络连接，以便能传递数据。这一层的作用是负责接收从网际层交来的数据包，然后将数据包通过低层物理网络发送出去；或者从低层物理网络上接收物理帧，然后分离出数据包并交给网际层。

TCP/IP 参考模型未定义数据链路层，是由于在最初的设计中就已经支持包括以太网、令牌环网、FDDI 网、ISDN 和 X.25 在内的多种数据链路层协议。

3.3.2　网际层

网际层与 OSI 参考模型中的网络层相当，是整个 TCP/IP 参考模型的关键部分。网际层的功能主要包括以下 3 个方面。

（1）处理来自传输层的数据发送请求：将来自传输层的报文装入 IP 数据报，填充报头，选择去往目的节点的路径，然后将 IP 数据报发往适当的网络接口。

（2）处理输入的数据包：首先检查数据包的合法性，然后进行路由选择，假如该数据包已到达目的节点（本机），则去掉报头，将数据部分交给相应的传输层协议；假如该数据包尚未到达目的节点，则转发该数据包。

（3）处理 ICMP 报文：即处理网络的路由选择、流量控制和拥塞控制等问题。

网际层的主要协议有 4 个：网际协议（IP）、地址解析协议（ARP）、反向地址解析协议（RARP）和网际控制报文协议（ICMP），其中最核心的是网际协议（IP）。

（1）IP：主要负责将 IP 数据报从源主机通过最佳路径传输到目标主机。IP 协议先对每个数据报的源 IP 地址和目的 IP 地址进行分析，然后进行路由选择（即选择一条到达目标主机的最佳路径），最后将数据转发到目的地址。需要注意的是：IP 协议只是负责对数据进行转发，并不对数据进行检查。也就是说，它不负责数据的可靠性，这样设计的主要目的是提高 IP 协议传送和转发数据的效率。

（2）ARP：主要负责将 TCP/IP 网络中的 IP 地址解析和转换成计算机的物理地址，以便于物理设备（如网卡）按该地址来接收数据。

（3）RARP：作用与 ARP 的作用相反，它主要负责将设备的物理地址解析和转换成 IP 地址。

（4）ICMP：主要负责发送和传递包含控制信息的数据包。这些控制信息包括网络是否通畅、主机是否可达、路由是否可用等内容。

3.3.3　传输层

传输层的作用与 OSI 参考模型中传输层的作用是一样的，即在源节点和目的节点的两个进程实体之间提供可靠的端到端的数据传输。为保证数据传输的可靠性，传输层协议规定接收端必须发回确认，并且假定报文丢失时必须重新发送。

TCP/IP 参考模型提供了两个传输层协议：传输控制协议（TCP）和用户数据报协议（UDP）。

（1）TCP 是一个可靠的面向连接的传输层协议，它可以将某节点的数据以字节流形式无差错传输到互联网的任何一台机器上。发送端的 TCP 将用户交来的数据划分成独立的报文并交给网际层进行发送，而接收端的 TCP 将接收的报文重新装配后交给接收用户。TCP 同时处理有关流量控制的问题，以协调收发双方的接收与发送速度。

（2）UDP 是一个不可靠的、无连接的传输层协议，它将可靠性问题交给应用程序解决。UDP 主要面向请求应答式的交易型应用，一次交易往往只有一来一回两次报文交换。另外，UDP 也应用于那些对可靠性要求不高，但要求网络的延迟较小的场合，如语音和视频数据传送。

3.3.4　应用层

应用层位于 TCP/IP 参考模型的最高层，大致对应 OSI 参考模型的应用层、表示层和会话层。它主要为用户提供多种网络应用程序，如电子邮件、远程登录等。

应用层包含所有高层协议，早期的高层协议有虚拟终端协议（Telnet）、文件传输协议（FTP）、电子邮件传输协议（SMTP）。其中，Telnet 协议允许用户登录远程机器并在其上工作；FTP 提供了有效的将数据从一台机器传送到另一台机器的机制；SMTP 协议用来有效和可靠地传递邮件。随着网络的发展，应用层又加入了许多其他协议，如用于将域名映射到它的网络地址的域名服务（DNS），用于搜索 Internet 上信息的超文本传输协议（HTTP）等。

3.4 TCP/IP 参考模型与 OSI 参考模型的比较

TCP/IP 参考模型和 OSI 参考模型有许多相似之处，如两种参考模型中都包含能提供可靠的进程之间端到端传输服务的传输层。但是它们也有许多不同之处。

1. 两者层数不一样

OSI 参考模型有 7 层，而 TCP/IP 参考模型只有 4 层。两者都有网络层、传输层和应用层。

2. 两者服务类型不同

两个参考模型的比较

OSI 参考模型的网络层提供面向连接和无连接两种服务，而传输层只提供面向连接的服务。TCP/IP 参考模型在网络层只提供无连接服务，但在传输层却提供面向连接和无连接两种服务。

3. 概念区分不同

在 OSI 参考模型中，明确区分了 3 个基本概念：服务、接口和协议。

◆ 服务：每一层都为其上层提供服务，服务的概念描述了该层所做的工作，并不涉及服务的实现和上层实体如何访问的问题。

◆ 接口：层间接口描述了高层实体如何访问低层实体提供的服务。接口定义了服务访问所需的参数和期望的结果。同样，接口仍然不涉及某层实体的内部机制。

◆ 协议：协议是某层的内部事务。只要能够完成它必须提供的功能，对等层之间可以采用任何协议，且不影响到其他层。

而 TCP/IP 参考模型并不十分清晰地区分服务、接口和协议这些概念。相较于 TCP/IP 参考模型，OSI 参考模型中的协议具有更好的隐蔽性，在发生变化时也更容易替换。

4. 通用性不同

OSI 参考模型是在其协议被开发之前设计出来的。这意味着 OSI 参考模型并不是基于某个特定的协议簇而设计的，因而它更具有通用性。但另一方面，也意味着 OSI 参考模型在协议实现方面存在某些不足。

TCP/IP 参考模型正好相反，由于先有 TCP/IP 协议簇，参考模型只是对现有协议的描述，因而协议与模型非常吻合。但是 TCP/IP 参考模型不适合其他协议簇。因此，它在描述其他非 TCP/IP 网络时用处不大。

综上所述，使用 OSI 参考模型可以很好地讨论计算机网络，但是 OSI 参考模型并未流行。TCP/IP 参考模型正好相反，其模型本身实际上并不存在，只是对现存协议的一个归纳和总结，但却被广泛使用。

巧用分层思想，推动党史学习教育全覆盖

"历史是最好的教科书，党史是最好的营养剂。"为了推进党史学习深入基层、深入人心，引导广大党员干部群众从党史中汲取奋进的力量，淮安市淮阴区在党史学习教育中坚持大众化学习、分众化传播，分层分级分类开展学习，推动党史学习教育全覆盖，提升党史学习教育实效。

针对党员干部，以红色精神激发担当自觉。开设"学党史 悟思想 办实事 开新局""我拿什么献给党——话初心、谈发展"百名党员干部大型融媒体访谈节目，已播出 10 期，引起强烈反响；开展"党旗飘扬"筑同心活动，依托"实境+情境"课堂、"名师+名嘴"讲堂、"文艺+宣讲"礼堂，开展形式多样的党史宣讲；组织"精品党课进支部"450 余场，组织"一十百千万"党史宣讲 1 200 余次，在党史学习教育中激发党员干部的担当自觉。

针对基层群众，以红色文化凝聚磅礴力量。开展"红动淮阴"育风尚活动，组织"读红色经典 赞建党百年"万人读书节、"红动淮阴 泽润人心"快闪、"辉煌百年路舞动新淮阴"广场舞大赛等活动，开展"学党史、感党恩、跟党走"文艺宣讲镇街行、村村行 400 余场，利用全区应急广播开展党史知识宣传 13 000 次，播放"奋斗百年路·启航新征程"公益电影 120 余场次。开播"红色喇叭"280 余课，为广大农村群众送去鲜活党史故事，打通党史学习教育"最后一公里"，让党的好声音"飞入"千家万户，以群众喜闻乐见的红色文化宣传活动凝聚和谐淮阴、幸福淮阴建设的磅礴力量。

针对青少年，以红色基因厚植爱国爱党情怀。针对青少年群体，该区抓住课内、课外、社会、网络"四大课堂"，开展"童心向党"强信仰活动、"马克思主义·青年说""周恩来励志精神校园行"，将党史教育引入思政课，通过主题班会、红色经典诵读、党史知识问答、才艺大赛、"百名师生绘百米画卷""千人快闪"等方式，引导青少年学党史、感党恩、听党话、跟党走，在广大青少年心中厚植爱党爱国爱社会主义的情感。

在每个层次、每个方面中，各主体能发挥的作用各不相同，采用分层思想，让不同主体在不同层级发挥自身优势，才能提升党史学习教育实效。

习 题

1. 判断题

（1）网络体系结构就是网络各层及其协议的集合。 （   ）

（2）使用层次化网络模型可以把复杂的计算机网络简化，使其容易理解和实现。

（   ）

（3）计算机网络体系结构中，上层不必知道下层的实现细节。 （   ）

（4）在 OSI 参考模型中，最低两层为物理层和传输层。 （   ）

（5）在 OSI 参考模型中，数据在不同的层次上有不同的名称。在物理层中的传输格式是比特流，数据链路层中的数据格式是帧，网络层中的数据格式是包，传输层中的数据格式是报文。 （   ）

（6）在 TCP/IP 参考模型中，最高两层为表示层和应用层。 （   ）

（7）计算机网络中的差错控制只能在数据链路层中实现。 （   ）

（8）TCP/IP 参考模型中的传输层不能提供无连接服务。 （   ）

（9）在 OSI 参考模型中，数据链路层分为 MAC 和 LLC 两个子层。 （   ）

（10）与 TCP/IP 参考模型相比，OSI 参考模型应用更为广泛。 （   ）

2. 选择题

（1）网络协议组成要素不包括（   ）。

    A. 语法　　　　　　B. 语义　　　　　　C. 时序　　　　　　D. 分层

（2）在计算机网络体系结构中，使用分层结构最主要的理由是（   ）。

    A. 可以简化计算机网络的实现

    B. 各层功能相对独立，各层因技术进步而做的改动不会影响到其他层

    C. 比模块结构好

    D. 只允许每层和其相邻层发生联系

（3）在 OSI 参考模型中，数据链路层接收或发送信息的基本数据单元是（   ）。

    A. 比特　　　　　　B. 字节　　　　　　C. 帧　　　　　　D. 数据包

（4）在 OSI 参考模型中，第 N 层和其上的第（N+1）层的关系是（   ）。

    A. 第（N+1）层将为从第 N 层接收的信息增加一个报头

    B. 第 N 层利用第（N+1）层的服务

    C. 第 N 层对第（N+1）层没有任何作用

    D. 第 N 层为第（N+1）层提供服务

（5）在 OSI 参考模型中，负责选择合适的路由，使数据能够正确无误地按照地址找到目的节点的是（　　）。

    A．网络层　　　　　B．数据链路层　　　　C．传输层　　　　　D．物理层

（6）在 OSI 参考模型中，能够提供可靠的端到端的传输的是（　　）。

    A．网络层　　　　　B．表示层　　　　　　C．传输层　　　　　D．物理层

（7）在 OSI 参考模型中，网络层、数据链路层和物理层传的数据单元分别是（　　）。

    A．报文、帧、比特　　　　　　　　　　B．包、报文、比特

    C．包、帧、比特　　　　　　　　　　　D．数据块、分组、比特

（8）在 TCP/IP 参考模型中，将网络结构自上而下划分为四层：应用层、传输层、网际层、网络接口层。工作时（　　）。

    A．发送端从下层向上层传输数据，每经过一层附加协议控制信息

    B．接收端从下层向上层传输数据，每经过一层附加协议控制信息

    C．发送端从上层向下层传输数据，每经过一层去掉协议控制信息

    D．接收端从下层向上层传输数据，每经过一层去掉协议控制信息

（9）在 TCP/IP 参考模型中，不属于应用层的协议是（　　）。

    A．PPP　　　　　　B．FTP　　　　　　　C．SMTP　　　　　　D．DNS

（10）比较 OSI 参考模型和 TCP/IP 参考模型，说法错误的是（　　）。

    A．OSI 参考模型有 7 层，而 TCP/IP 参考模型只有 4 层

    B．OSI 参考模型的网络层和 TCP/IP 参考模型的传输层都提供面向连接和无连接两种服务

    C．在 OSI 参考模型中，明确区分了服务、接口和协议 3 个基本概念

    D．OSI 参考模型和 TCP/IP 参考模型在协议实现方面都存在很大不足

3．综合题

（1）OSI 参考模型分为哪几层？各层的功能是什么？

（2）在 OSI 参考模型中，物理层的接口有哪几个方面的特性？各包含些什么内容？

（3）简述 OSI 参考模型中数据传输的过程。

（4）TCP/IP 参考模型分为哪几层？各层的功能是什么？

（5）简述 OSI 参考模型与 TCP/IP 参考模型有何不同点。

第4章
TCP/IP 协议簇

 章首导读

  不同的厂家生产的计算机运行的操作系统可能完全不同，却因为有了 TCP/IP 协议簇而能够进行相互通信。TCP/IP 协议簇包含很多协议，其中最核心的 3 个协议是网际协议（internet protocol，IP）、传输控制协议（transmission control protocol，TCP）和用户数据报协议（user datagram protocol，UDP）。

  本章就来介绍这 3 个较核心的协议，以及地址解析协议（address resolution protocol，ARP）和网际控制报文协议（internet control message protocol，ICMP）。

 学习目标

- ≲ 掌握 IP 数据报的格式。
- ≲ 掌握 IPv4 地址的结构和分类。
- ≲ 理解子网掩码的概念，掌握子网划分的方法。
- ≲ 理解地址解析协议 ARP 和网际控制报文协议 ICMP 的工作原理和应用。
- ≲ 了解 IPv6 地址的结构和特点，熟悉 IPv4 到 IPv6 的过渡技术。
- ≲ 掌握 UDP 的概念、特点、端口号分配和数据报格式。
- ≲ 掌握 TCP 的概念、特点、端口号分配和报文段格式。
- ≲ 掌握 TCP 传输连接的建立和释放过程。

素质目标

- ≲ 自觉培养勤于思考和创新能力，养成良好的思维习惯。
- ≲ 具备科学严谨的态度，在实践中提高自己的专业技能和职业素养。

4.1　网际协议 IP

网际协议 IP 是一个网络层协议，可提供一种不可靠、无连接的数据报传输服务。IP 协议是 TCP/IP 协议簇中最为核心的协议。

与 IP 协议配套使用的还有 4 个子协议：地址解析协议（address resolution protocol，ARP），反向地址解析协议（reverse address resolution protocol，RARP），网际控制报文协议（internet control message protocol，ICMP），因特网组管理协议（Internet group management protocol，IGMP）。

4.1.1　IP 数据报

IP 协议定义了一个在 Internet 上传输的基本数据单元，称为 IP 数据报（IP datagram），其格式如图 4-1 所示。IP 数据报包含报头和数据两个部分，数据是高层传输的数据，而报头是为了正确传输数据而增加的控制信息。

IP 数据报格式

图 4-1　IP 数据报的格式

IP 数据报报头包含了一些必要的控制信息，由 20 个字节的固定部分和变长的可选字段组成。已知最高位在左边，记为 0 位；最低为在右边，记为 31 位。那么报头中各字段的内容如下。

（1）版本。版本字段占 4 位，用来表明 IP 协议的版本。目前广泛使用的 IP 协议版本号为 4（即 IPv4），其版本字段为 0100。

（2）首部长度。首部长度字段占 4 位，表示数据报报头的长度。

（3）区分服务。区分服务字段占 8 位，指示数据报内容的优先权或优先级。这个字段在旧标准中叫作服务类型，在一般情况下都不使用该字段。只有在使用区分服务时，这个字段才起作用。

（4）总长度。总长度字段是指整个 IP 数据报的长度（以字节为单位），包括报头和数据。由于该字段占 16 位，所以 IP 数据报最长可达 65 535 个字节。

每一种数据链路层协议都规定了一个数据帧中的数据字段的最大长度，这个最大长度称为最大传送单元（maximum transmission unit，MTU）。当一个 IP 数据报在数据链路层封装成帧时，此 IP 数据报的总长度一定不能超过数据链路层协议所规定的 MTU。

（5）标识符。标识符占 16 位，每个数据报都必须由唯一的标识符来标识，以便接收端能重装被分段的数据。当 IP 对数据进行分片的时候，它将给所有的分片分配一组编号，然后将这些编号放入标识符字段，以保证分片不会被错误重组。

（6）标志。标志字段占用 3 位，但只有低两位有效。

◆ 标志字段的最低位记为 MF（more fragment），又称更多分段标志。当 MF=1 时，表示该数据报后还有分片的数据报；当 MF=0 时，表示该数据报是最后一个分片。

◆ 标志字段的中间一位记为 DF（don't fragment），又称禁止分段标志。当 DF=1 时，表示该数据报不能分片；当 DF=0 时，才允许分片。

（7）片偏移。片偏移字段占 13 位，用于指出较长数据包在分片后，某片在原数据包中的相对位置。片偏移以 8 个字节为偏移单位，也就是说，每个分片的长度一定是 8 字节（64 位）的整数倍。

（8）生存周期（time to live，TTL）。TTL 值用于限制数据报在网络中的生存时间。数据报每经过一个路由器，该路由器将减少 TTL 的值；当 TTL=0 时，该数据报将被丢弃。这样可以防止一个数据报在网络中无限循环地转发下去。

（9）协议。协议字段占 8 位，用于指定数据部分中携带的信息是由哪种高级协议建立的。常用的协议和相应的协议字段值如表 4-1 所示。

表 4-1　常用协议和对应的协议字段值

协议名称	ICMP	IGMP	IP	TCP	EGP	IGP	UDP	IPv6	ESP	OSPF
协议字段值	1	2	4	6	8	9	17	41	50	89

（10）首部校验和。首部校验和是一个 16 位的循环冗余校验码，其值等于 IP 数据报报头内每一个字段中包含的值的和。该字段用于保证报头数据的完整性和传输的正确性。IP 数据报每经过一个路由器，路由器都检查该校验和的值并进行更新，这是因为报头中的

TTL 值、标志、片偏移等值可能发生变化。

（11）源 IP 地址和目的 IP 地址。源 IP 地址和目的 IP 地址均占 32 位，分别用于指定发送 IP 数据报的源主机地址和接收 IP 数据报的目的主机地址。

（12）可选字段。可选字段长度可变，从 1 个字节到 40 个字节不等，用来支持排错、测量及安全等措施。增加可选字段是为了增加 IP 数据报的功能，但同时也使得 IP 数据报的首部长度不固定，增加了路由器处理数据报的开销。

4.1.2 IP 地址

当网络中的两台主机要进行通信时，必须知道通信双方各自的地址，这就是我们所理解的 Internet 地址，即 IP 地址。IP 地址是 Internet 上主机的唯一标识，通过 IP 地址可以识别 Internet 中不同的主机。

IPv4 地址

1. IP 地址的表示

IP 地址由 32 位二进制数组成。例如，某台主机的 IP 地址为 11000001001000001101100000001001。为了记忆方便，可以将 IP 地址的 32 位二进制数进行分段，每段 8 位，共 4 段，然后将每段 8 位二进制数转换为相应的十进制数，中间用"．"间隔，这种表达方式称为"点分十进制"。也就是说，上述 IP 地址可以表示成 193.32.216.9，如图 4-2 所示。

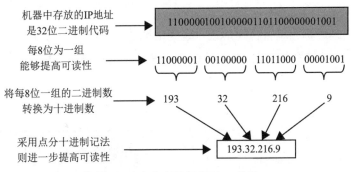

图 4-2 点分十进制表示 IP 地址

从概率学的角度看，32 位二进制数能表达 2^{32} 种不同的情况。也就是说，按照 IP 地址的设计初衷，32 位的地址空间可以表达 4 294 967 296 个不同的 IP 地址。

2. IP 地址的分类

每个 IP 地址内部分为两部分，即网络号和主机号，如图 4-3 所示。

图 4-3 IP 地址的结构

◆ 网络号：也称网络地址，用于标识大规模 TCP/IP 网际网络（即由网络组成的网络）内的单个网段。

◆ 主机号：也称主机地址，用于识别每个网络内部的 TCP/IP 节点，如工作站、服务器、路由器或其他 TCP/IP 设备。

IP 地址中的网络号和主机号总共 32 位（4 个字节），那么，如果网络号占总地址空间比较少，相应的主机号位数就增多，这样的网络容纳的主机数就比较多，也就是说网络规模就比较大；反之亦然。因网络规模有所不同，为了方便网络的管理，IP 地址分为 A、B、C、D、E 五类，如图 4-4 所示。

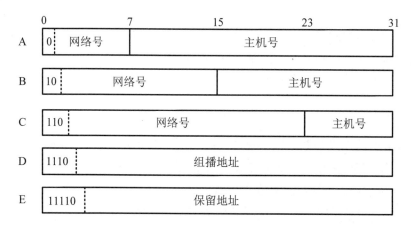

图 4-4　IP 地址分类

A、B、C 类地址称为单目传送地址，这些地址通常只能分配给唯一的主机；D 类地址是组播地址；E 类地址则是在 IP 地址设计之初保留作为科学研究用的。各类 IP 地址类别详述如表 4-2 所示。

表 4-2　IP 地址类别详述

IP 地址类型	二进制固定最高位	二进制网络位	二进制主机位	主机地址范围	每个网络中最多可容纳主机数
A 类	0	8 位	24 位	1.0.0.0～127.255.255.255	$2^{24}-2$
B 类	10	16 位	16 位	128.0.0.0～191.255.255.255	$2^{16}-2$
C 类	110	24 位	8 位	192.0.0.0～223.255.255.255	$2^{8}-2$（254）
D 类	1110	组播地址		224.0.0.0~239.255.255.255	—
E 类	11110	保留地址		240.0.0.0~247.255.255.255	—

3. 特殊 IP 地址

在 IP 地址中，有一些特殊地址被赋予特殊的作用。

1）广播地址

主机地址全为 1 的 IP 地址称为广播地址。广播地址专门用于同时向网络中所有主机发送数据。例如，对于 IP 地址为 192.168.10.0 的 C 类网段，当发出一个目的地址为 192.168.10.255 的数据时，它将被分发给该网段上的所有主机。

广播地址又分为直接广播地址和有限广播地址两种。直接广播地址有网络号，但主机号通常全为 1，这类广播会被传送到专门网络（由网络号决定）上的每台主机。有限广播地址是指网络号和主机号全为 1 的地址，即 255.255.255.255，它不被路由但会被传送到相同物理网段上的所有主机。

2）组播地址

组播地址就是前面讲的 D 类地址，主要用于视频广播和视频点播系统，IP 地址范围从 224.0.0.0 到 239.255.255.255。其中，224.0.0.1 特指所有主机，224.0.0.2 特指所有路由器。

组播地址和广播地址是不一样的：广播地址按主机的物理位置来划分各组，而组播地址指定一个特定的逻辑组，参与该组的计算机可能遍布整个 Internet。

3）环回地址

网络地址是 127 的 IP 地址称为环回地址或者回送地址，主要用于对本地回路测试及实现本机进程间的通信。在实际中经常使用的环回地址是 127.0.0.1，它还有一个别名叫作 localhost。

　　事实上，只要第一字节为 127 的任意 IP 地址（甚至是非法的 IP 地址），系统都会自动识别为 127.0.0.1。

4）私有地址

一般的 IP 地址是由网络信息中心（network information center，NIC）统一管理并分配给提出注册申请的组织机构的，这类 IP 地址称为公有地址，通过它可以直接访问 Internet。而私有地址属于非注册地址，专门为组织机构内部使用。常用的私有地址分类如表 4-3 所示。

表 4-3　私有地址分类

私有地址类别	IP 地址范围
A 类	10.0.0.0～10.255.255.255
B 类	172.16.0.0～172.31.255.255
C 类	192.168.0.0～192.168.255.255

使用私有地址的私有网络由于不与外部互连，因而可能使用随意的 IP 地址。私有网络在接入 Internet 时，要使用地址翻译（NAT），将私有地址翻译成公用合法 IP 地址。

> **提示** 在实际生活中，一些宽带路由器往往使用 192.168.1.1 作为缺省地址。

不同类型的特殊 IP 地址总结如表 4-4 所示。

表 4-4　特殊 IP 地址汇总

网络地址	主机地址	地址类型	用　途
全 0	全 0	本机地址	启动时使用
有网络号	全 0	网络地址	标识一个网络
有网络号	全 1	直接广播地址	在专门网络上广播
全 1	全 1	有限广播地址	在本地网络上广播
127	任意	环回地址	回送测试

4.1.3　子网划分技术

1. 子网

在实际使用过程中，许多单位会把单一网络划分为多个物理网络，并使用路由器将它们连接起来，如图 4-5 所示。这些物理网络称为子网，这种操作方法称为子网划分。

子网划分技术

划分子网的好处有很多，主要体现在以下 3 个方面。

◆ **充分利用 IP 地址**：由于 A 类网和 B 类网的地址空间太大，致使在不使用路由设备的单一网络中无法使用全部地址。因此，为了能更有效地利用地址空间，有必要把可用地址分配给更多较小的网络。

◆ **易于管理网络**：当一个网络被划分为多个子网时，每个子网变得易于控制，管理变得简单，减轻了大型网络的管理难度。

◆ **提高网络性能**：将一个大型的网络划分为若干个子网，其中的路由器设备可以把不同的子网隔离开来。同一子网中的主机之间只能在各自的子网中进行广播和通信，不会转到其他子网中。另外，用路由器隔离还可以将网络分为内外两个子网，限制外部子网用户对内部子网的访问，从而提高内部子网的安全性。

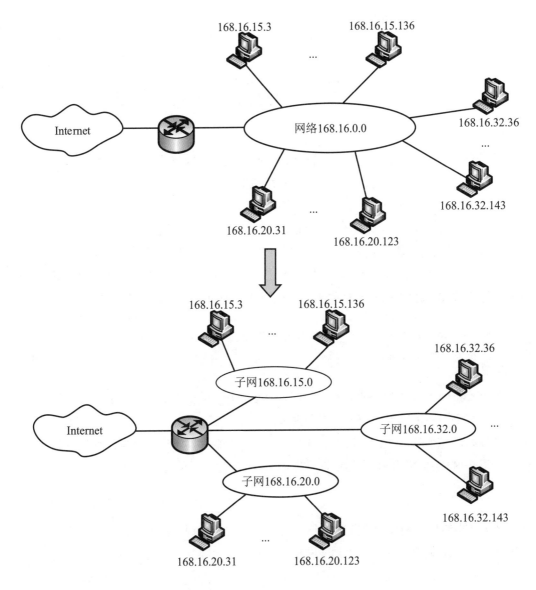

图 4-5 子网划分

2. 划分子网的方法

对于标准的 A 类、B 类和 C 类 IP 地址来说，它们只具有网络号和主机号两层结构。为了划分子网，可以将其主机号分为两部分，其中一部分用于子网号的编制，剩余部分用于主机号的编制。这样就形成了一个三层结构，即网络号、子网号和主机号，如图 4-6 所示。

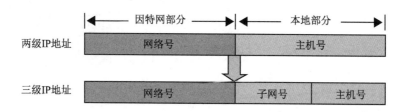

图 4-6　IP 地址的三层结构

子网号的位数取决于组网的实际需要：子网号所占的比特位越多，则可以分配给主机号的位数就越少。也就是说，在一个子网中所包含的主机就越少。

（1）假设当前主机号有 M 位，向主机号部分借用 n 位来划分子网，则可以划分出（2^n-2）个子网。反之，已知所需子网数，也可以计算出所需借用的主机号位数。

（2）假设当前主机号有 M 位，划分子网后主机号有 m 位，则最多可容纳主机数量为（2^m-2）台。反之，已知子网中的主机数量，也可以计算出所需借用的主机号位数。用当前主机号位数 M 减去划分子网后的主机号位数 m，即可得到需借用的主机号位数。

> **提示**　如果网络不是无类别域间路由（CIDR）的环境，则必须去除全 0 和全 1 的子网号，因此只能划分出（2^n-2）个子网，每个子网中最多容纳（2^m-2）台主机。

例如，将一个 C 类网络 203.66.77.0 划分为 4 个子网，那么需要借用 3 位主机号作为子网号，每个子网可以容纳 $2^5-2=30$ 台主机。

又例如，一个 B 类网络 172.17.0.0，将主机号的前 8 位作为子网号，另外 8 位作为主机号，那么这个 B 类网络可划分 $2^8-2=254$ 个子网，每个子网可以容纳 $2^8-2=254$ 台主机。

3. 子网掩码

图 4-7 中给出了两个 B 类 IP 地址，这两个 IP 地址外观上没有任何差别，那么应该如何区分这两个地址呢？这就要用到子网掩码。

	网络号	主机号	
未划分子网的B类地址	172.16	16.51	

	网络号	子网号	主机号
划分了子网的B类地址	172.16	16	51

图 4-7　未划分子网和划分了子网的 IP 地址

子网掩码（也称子网屏蔽码）与 IP 地址相同，也是一个 32 位的二进制数。对于子网掩码的取值，通常是将对应于 IP 地址中网络地址（网络号和子网号）的所有位设置为"1"，对应于主机地址（主机号）的所有位设置为"0"。

子网掩码有两种表示方法，一是"点分十进制"表示法，二是网络前缀标记法。

（1）"点分十进制"表示法与 IP 地址中相同。

（2）子网号是从 IP 地址高字节以连续方式选取的，即从左到右连续地取若干位作为网络号。因此，可用网络地址（网络号和子网号）的位数来表示子网掩码，形式为"/<网络地址位数>"，这种表示方法称为"网络前缀标记法"。例如，一个子网掩码为 255.255.0.0 的 B 类网络地址 156.81.0.0，用网络前缀标记法可以表示为 156.81.0.0/16。

标准的 A 类、B 类、C 类 IP 地址的默认子网掩码如表 4-5 所示。

表 4-5　标准的 A 类、B 类、C 类 IP 地址的默认子网掩码

IP 地址类型	子网掩码二进制位				点分十进制	网络前缀
A 类	11111111	00000000	00000000	00000000	255.0.0.0	/8
B 类	11111111	11111111	00000000	00000000	255.255.0.0	/16
C 类	11111111	11111111	11111111	00000000	255.255.255.0	/24

用子网掩码判断 IP 地址的方法是用 IP 地址与子网掩码进行"按位与（AND）"运算，运算结果即为网络地址。

【例 4-1】　已知 IP 地址为 172.16.16.51，子网掩码为 255.255.0.0，请指出其网络地址。

分析：172.16.16.51 是 B 类地址，其默认子网掩码是 255.255.0.0，将 IP 地址与子网掩码进行"按位与（AND）"运算即可得到网络地址，如图 4-8 所示。

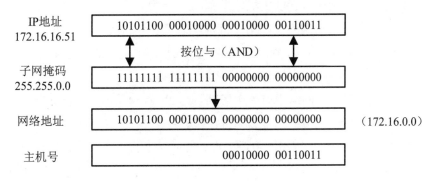

图 4-8　使用子网掩码求网络地址（1）

【例 4-2】　已知 IP 地址为 172.16.16.51，子网掩码为 255.255.255.0，请指出其网络地址。

分析：172.16.16.51 是 B 类地址，采用非默认子网掩码 255.255.255.0 划分子网，将 IP 地址与子网掩码进行"按位与（AND）"运算即可得到网络地址，如图 4-9 所示。

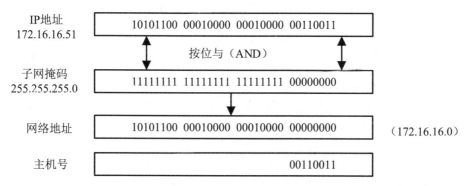

图 4-9　使用子网掩码求网络地址（2）

通过例 4-1 和例 4-2 可以看出，使用子网掩码可以区分一个 IP 地址是否进行子网划分，还可以计算出其网络地址。

4. 划分子网的步骤

划分子网的一般步骤如下。

（1）根据所需网络数确定需要多少位子网号来标识网络上的每一个子网。

（2）根据子网中的主机数确定需要多少位主机号来标识每个子网中的每一台主机。

（3）计算符合网络要求的子网掩码。

（4）确定标识每一个子网的网络地址。

（5）确定每一个子网所包含的主机地址范围。

【例 4-3】　假设某公司网络只向相关机构申请了一个 C 类网络号 203.66.77。但是该公司有 4 个分布于各地的局域网，每个网络各约有 15 台主机。请为这 4 个子网分配子网地址及子网掩码，并计算主机地址范围。

（1）确定子网号位数。网络中有 4 个子网，则 $2^n-2\geqslant4$，计算得出 $n=3$，即需要从主机号中借用 3 位作为子网号。注意，n 采用向上取整。

剩余主机位为 8-3=5 位，则子网中最多容纳 $2^5-2=30$ 台主机，符合题目要求。

（2）将 IP 地址的网络号和子网号写为 1，主机号写为 0，即可得到子网掩码。

二进制	十进制
11111111.11111111.11111111.11100000	255.255.255.224

（3）3 位子网号有 000、001、010、011、100、101、110、111 共 8 种组合，去掉不可使用的 000（代表本身）与 111（代表广播），还有 6 个组合，也就是它共可提供 6 个子网。

二进制	十进制
11001011.01000010.01001101.**001**00000	203.66.77.32
11001011.01000010.01001101.**010**00000	203.66.77.64
11001011.01000010.01001101.**011**00000	203.66.77.96
11001011.01000010.01001101.**100**00000	203.66.77.128
11001011.01000010.01001101.**101**00000	203.66.77.160
11001011.01000010.01001101.**110**00000	203.66.77.192

网络号　　　　　　子网号　主机号

（4）各子网提供的主机地址范围如图 4-10 所示。

子网网络地址 　　　　　　　　　　　　　　　　　　　子网的主机地址范围

| 203.66.77.32 | 203 . 66 . 77 | 001 | 00001 | 203.66.77.33-- |
| | | 001 | 11110 | 203.66.77.62 |

| 203.66.77.64 | 203 . 66 . 77 | 010 | 00001 | 203.66.77.65-- |
| | | 010 | 11110 | 203.66.77.94 |

| 203.66.77.96 | 203 . 66 . 77 | 011 | 00001 | 203.66.77.97-- |
| | | 011 | 11110 | 203.66.77.126 |

| 203.66.77.128 | 203 . 66 . 77 | 100 | 00001 | 203.66.77.129-- |
| | | 100 | 11110 | 203.66.77.158 |

| 203.66.77.160 | 203 . 66 . 77 | 101 | 00001 | 203.66.77.161-- |
| | | 101 | 11110 | 203.66.77.190 |

| 203.66.77.192 | 203 . 66 . 77 | 110 | 00001 | 203.66.77.193-- |
| | | 110 | 11110 | 203.66.77.222 |

图 4-10　每个子网的主机地址范围

5. 可变长子网划分

当用户选择了一个普通子网掩码之后，就不能支持不同尺寸的子网了，这对于网络内部不同网段需要不同大小子网的情形来说非常不方便。相对于普通子网掩码，在 RFC 1878 中定义了可变长子网掩码（variable length subnet mask，VLSM），它在划分子网并保留足够的主机数的同时，将子网进一步分成多个小子网，这种方法能将网络划分为三级或更多级结构，使子网划分具有更大的灵活性，也使 IP 地址具有更高的利用率。

如果对一个网络进行了可变长子网划分，那么就可以用不同长度的子网网络号来唯一标识每个子网，并能通过对应的子网掩码进行区分。VLSM 规定了如何在一个进行了子网划分的网络中的不同部分使用不同的子网掩码。

【例 4-4】　某公司有两个主要部门：市场部和技术部。市场部有员工 100 人；技术部又分为硬件设计部和软件设计部两个部门，各有员工 52 人。该公司申请到了一个完整的 C 类 IP 地址段：210.31.233.0，子网掩码 255.255.255.0。为了便于分级管理，该公司准备采用 VLSM，将原网络划分为两级子网，请给出可变长子网掩码划分方案。

分析：（1）一个能容纳 100 台主机的子网。

用主机号中的 1 位（第 4 个字节的最高 1 位）进行子网划分，产生 2 个子网，分别为 210.31.233.0/25、和 210.31.233.128/25 两个子网段。这种子网划分允许每个子网有 126 台主机（2^7-2）。选择 210.31.233.0/25（子网掩码为 255.255.255.128）作为网络号，该一级子网共有 126 个 IP 地址可供分配，能够满足市场部的需求，如表 4-6 所示。

表 4-6　划分市场部子网

子网编号	子网网络（点分十进制）	子网掩码	子网网络（网络前缀）
1	210.31.233.0	255.255.255.128	210.31.233.0/25

（2）两个能容纳 52 台主机的子网。

为满足 2 个子网各能容纳 52 台主机的需求，可以使用一级子网中的第 2 个子网 210.31.233.128/25（子网掩码为 255.255.255.128），取出其主机号的 1 位进一步划分成两个二级子网，其中第 1 个二级子网为 210.31.233.128/26（子网掩码为 255.255.255.192），划分给硬件设计部，该二级子网共有 62 个 IP 地址可供分配；第 2 个二级子网为 210.31.233.192/26（子网掩码为 255.255.255.192）划分给软件设计部，该二级子网共有 62 个 IP 地址可供分配，如表 4-7 所示。

表 4-7　划分技术部的 2 个子网

子网编号	子网网络（点分十进制）	子网掩码	子网网络（网络前缀）
1	210.31.233.128	255.255.255.192	210.31.233.128/26
2	210.31.233.192	255.255.255.192	210.31.233.192/26

因此，对这个可变长子网的划分结果如图 4-11 所示。

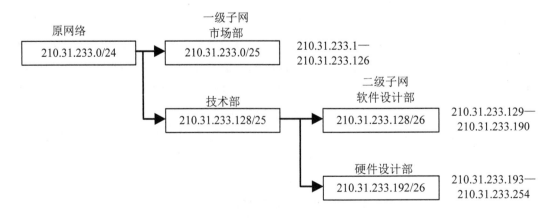

图 4-11　可变长子网划分结果

6. 超网和无类域间路由

目前，在 Internet 上使用的 IP 地址是在 1978 年确立的协议，它由 32 位二进制数字组成。由于 Internet 协议当时的版本号为 4，因而称为"IPv4"。尽管这个协议在理论上有大约 43 亿个 IP 地址，但是，并不是所有的地址都得到了充分的利用。A 类和 B 类地址所包含的主机数太多，而 C 类地址包含的主机数又太少，如一个 B 类网络中所包含的主机数可以达到 65 534 个，一个 C 类网络中只能容纳 254 台主机，这对于拥有上千台主机的单位来说，选择哪类网络地址都是不合适的。

此外，由于 Internet 的迅猛发展，主机数量急剧增加，它正以非常快的速度消耗着 IP 地址。为了解决当前 IP 地址面临的严重资源不足的问题，InterNIC 设计了一种新的网络分配方法：对于一个主机数量介于 B 类网络和 C 类网络的单位，InterNIC 给它分配多个 C 类网络的范围，该范围能够容纳足够的网络和主机。这种方法实质上就是将若干个 C 类网络合并成一个网络，这个合并后的网络就称为超网。例如，假设一个单位拥有 2 000 台主机，那么 InterNIC 并不是给它分配一个 B 类网络，而是分配 8 个 C 类网络，每个 C 类网络可以容纳 254 台主机，总共可以容纳 2 032 台主机，能够满足实际需求。

虽然这种方法有助于节约 B 类网络，但它又导致新的问题：采用通常的路由选择计算，在 Internet 上每个路由器的路由表中必须有 8 个 C 类网络表项才能把 IP 数据报路由到该单位。为防止路由器被过多的路由淹没，必须采用一种称为无类域间路由（classless inter-domain routing，CIDR）的计算，把多个表项缩成一个表项。使用了 CIDR 后，路由表中只用一个路由表项就可以表示分配给该单位的所有 C 类网络。在概念上，CIDR 创建的路由表项可以表示为

> [起始网络，数量]

其中，"起始网络"是所分配的第一个 C 类网络地址，"数量"是分配的 C 类网络的总个数。实际上，它可以用一个超网子网掩码来表示相同的信息。

【例 4-5】　某公司申请到 1 个网络地址块（共 8 个 C 类网络地址）：210.31.224.0/24～210.31.231.0/24，为了对这 8 个 C 类网络地址块进行汇总，该采用什么样的超网子网掩码呢？CIDR 前缀为多少？

分析：将 8 个 C 类网络地址的二进制表示形式列出，如表 4-8 所示。

表 4-8　8 个 C 类网络地址

C 类网络地址	二进制数			
210.31.224.0	11010010	00011111	11100**000**	00000000
210.31.225.0	11010010	00011111	11100**001**	00000000
210.31.226.0	11010010	00011111	11100**010**	00000000
210.31.227.0	11010010	00011111	11100**011**	00000000

表 4-8（续）

C 类网络地址	二进制数
210.31.228.0	11010010　00011111　11100*100*　00000000
210.31.229.0	11010010　00011111　11100*101*　00000000
210.31.230.0	11010010　00011111　11100*110*　00000000
210.31.231.0	11010010　00011111　11100*111*　00000000
超网	21 位网络号　11 位主机号

　　CIDR 实际上是借用部分网络号来充当主机号。在表 4-8 中，因为 8 个 C 类地址网络号的前 21 位完全相同，变化的只是最后 3 位网络号，因此，可以将网络号的后 3 位看成是主机号，由此得到超网的子网掩码的二进制数为"11111111　11111111　11111000　00000000"，即 255.255.248.0。若用网络前缀表示法来表示，可表示为 210.31.224.0/21。

　　利用 CIDR 实现地址汇总有两个基本条件：

　　（1）待汇总地址的网络号拥有相同的高位。如表 4-8 所示，8 个待汇总的网络地址的第 3 个位域的前 5 位完全相等，均为 11100。

　　（2）待汇总的网络地址数目必须是 2^n 个，如 2 个、4 个、8 个、16 个等；否则，可能会使汇总后的网络包含实际中并不存在的子网，导致路由黑洞。

　　使用可变长子网划分、超网和 CIDR 配置网络时，要求相关的路由器和路由协议必须能够提供支持，IP 路由信息协议版本 2（RIPv2）和边界网关协议版本 4（BGPv4）都支持可变长子网划分和 CIDR，而路由信息协议版本 1（RIPv1）则不支持。具体路由协议将在第六章进行讲解。

4.1.4　地址解析协议

1. IP 地址与物理地址

扫一扫

地址解析协议

　　实际通信时，在一个网络中对其内部的一台主机进行寻址所使用的地址称为物理地址。通常将物理地址固化在网卡的 ROM 中，因此也称其为硬件地址或 MAC 地址。

　　MAC 地址的长度为 48 位（6 个字节），通常表示为 12 个十六进制数，每两个十六进制数之间用冒号隔开，如"08:00:20:0A:8C:6D"。网络中每个以太网设备都具有唯一的 MAC 地址。这个地址与网络无关，也就是说无论将这个设备（如网卡、集线器、路由器等）接入网络的何处，它都有相同且唯一的 MAC 地址。

　　MAC 地址和 IP 地址的相同点是它们都唯一，不同点主要体现在以下几个方面。

◆ 可变性不同：对于网络上的某一设备来说，其 IP 地址可变（但必须唯一），而 MAC 地址不可变。

◆ 长度不同：IP 地址长度为 32 位，MAC 地址长度为 48 位。

◆ 分配依据不同：IP 地址的分配是基于网络拓扑的，而 MAC 地址的分配是由制造商决定的。

◆ 寻址协议层不同：IP 地址应用在网络层，而 MAC 地址应用在数据链路层。

在 OSI 参考模型中，网络层的数据传输依赖于 32 位的 IP 地址，而当一台主机把数据帧发送到位于同一局域网上的另一台主机时，物理网络实际是根据 48 位的物理地址来传输数据的。因此，对于网络中的任一设备而言，它既有一个逻辑地址（IP 地址），又有一个物理地址（MAC 地址），需要有一种机制能够把 IP 地址与物理地址进行映射才能完成数据的通信。

IP 地址和物理地址的映射包含两个方面：从 IP 地址到物理地址的映射和从物理地址到 IP 地址的映射。这种地址之间的映射关系也称为地址解析，实现地址解析的协议有两种：地址解析协议（address resolution protocol，ARP）和反向地址解析协议（reverse address resolution protocol，RARP），如图 4-12 所示。

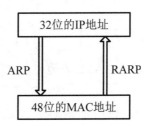

图 4-12　地址解析协议

2. 地址解析协议 ARP

ARP 为 IP 地址到对应的物理地址提供动态的映射。之所以用"动态"这个词是因为这个过程是自动完成的，一般应用程序和系统管理员并不关心或干涉这个过程。

ARP 的工作过程如图 4-13 所示。主机 A 要与主机 B 通信需经过如下几个步骤。

（1）主机 A 首先查看自己的高速缓存中的 ARP 表中是否有主机 B 对应的 ARP 表项。如果找到，则直接利用该 ARP 表项中的物理地址将 IP 数据报封装成帧并发送给主机 B。

（2）如果 ARP 表中没有所需的表项，则主机 A 首先广播发送一个 ARP 请求，请求 IP 地址为 IP_B 的主机返回自己的物理地址。ARP 请求中含有主机 B 的 IP 地址，以及主机 A 本身的 IP 地址和物理地址的映射关系。

（3）本局域网上包括主机 B 在内的所有主机都会接收到这个 ARP 请求，然后将主机 A 的 IP 地址与物理地址的映射关系存入各自的 ARP 表中。

（4）主机 B 识别 ARP 请求后，发送一个 ARP 响应给主机 A，其中包含主机 B 的 IP 地址和物理地址的映射关系。

（5）主机 A 收到主机 B 的 ARP 响应后，就在其 ARP 表中写入主机 B 的 IP 地址和物理地址的映射关系。

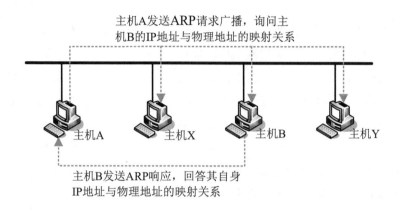

图 4-13　ARP 的工作过程

 知识库

每台主机都要在各自的高速缓存区中存放一张 IP 地址到物理地址的映射表，这张表称为 ARP 表。在主机初始启动时，ARP 表为空；在不断通信过程中，主机会逐渐添加 ARP 表项。

ARP 表的内容是定期更新的，如果一条 ARP 表项很长时间没有使用了，则它将被从 ARP 表中删除。

3. 反向地址解析协议 RARP

反向地址解析协议 RARP 一般用于无盘工作站，解决已知物理地址的前提下获取 IP 地址的问题。RARP 的基本思想是：网络中有一个 RARP 服务器，保存了当前网络中各个无盘工作站的地址绑定，并负责响应这些节点的地址请求；新启动的无盘工作站广播一个 RARP 请求，其中给出自己的物理地址；RARP 服务器查找地址绑定表，用单播方式发回 RARP 响应，给出所请求的 IP 地址。

RARP 的缺点在于要求每个网络都要有一个 RARP 服务器，并且 RARP 响应中只包含很少的信息。它在概念上很简单，但是 RARP 服务器的实现却与系统相关。因此，并不是所有的 TCP/IP 网络都提供 RARP 服务器。使用 RARP 的常见协议是 BOOTP（bootstrap protocol，自举协议）和 DHCP（dynamic host configuration protocol，动态主机配置协议）。

4.1.5　网际控制报文协议

网际控制报文协议

通过之前的学习了解到 IP 协议并不是一个可靠的协议，它不保证数据一定被送达。那么，保证数据送达的工作应该由其他的模块来完成。其中一个重要的模块就是网际控制报文协议（internet control message protocol，ICMP）。

1. ICMP 概述

ICMP 属于网络层协议，用于传送有关通信问题的信息。当传送 IP 数据报发生错误时，如主机不可达、路由不可用等，ICMP 会把错误信息封包，然后传回主机，给主机一个处理错误的机会。

ICMP 报文通常被网际层或更高层协议（TCP 或 UDP）所使用，但它并不是高层协议。通常将 ICMP 报文作为 IP 数据报的数据，并为其加上 IP 首部组成 IP 数据报，如图 4-14 所示。因此，ICMP 报文是在 IP 数据报内部传输的。

图 4-14　ICMP 封装在 IP 数据报内部

2. ICMP 报文的种类

ICMP 报文大致分为两种：一种是查询报文，一种是差错报文。

◆　查询报文：是成对出现的，可以帮助主机或网络管理员从一台路由器或另一台主机上得到特定的信息，主要用于 ping 查询、子网掩码查询和时间戳查询。

◆　差错报文：用于报告路由器或主机在处理一个 IP 数据报时可能遇到的一些问题。差错报文产生在数据传送发生错误的时候。

尽管在大多数情况下，数据的传送错误应该给出 ICMP 报文。但是在如下几种特殊情况中，是不产生 ICMP 差错报文的。

（1）ICMP 差错报文不会产生 ICMP 差错报文（ICMP 查询报文却可能产生）。

（2）目的地址是广播地址或多播地址的 IP 数据报不产生 ICMP 差错报文。

（3）数据链路层广播的数据报不产生 ICMP 差错报文。

（4）不是 IP 分片第一片的不发送 ICMP 差错报文。

（5）源地址不是单个主机的 IP 数据报（零地址、环回地址、广播地址或组播地址）不产生 ICMP 差错报文。

3. ICMP 的应用举例

1）ping

ping 是 TCP/IP 网络中最简单而又非常有用的 ICMP 应用，常用于验证两台主机之间的连通性。

ping 在不同的实现中语法格式不同，在 Windows 操作系统中的应用格式为

ping [可选参数] target_name

其中，target_name 是目的主机的名字或其 IP 地址。ping 命令中的常用可选参数及其含义如表 4-9 所示。

表 4-9　ping 命令的常用可选参数及其含义

可选参数	含　义
-t	连续 ping 指定的主机，直到中断
-a	将地址解析为主机名
-n count	定义用来测试所发出的测试包的个数，缺省值为 4
-l size	定义所发送缓冲区的数据包的大小，默认情况下 Windows 操作系统中的 ping 发送的数据包大小为 32 个字节
-w timeout	等待每次回复的超时时间，单位为毫秒（ms），默认值为 1 000
-4	强制使用 IPv4 版本
-6	强制使用 IPv6 版本

当使用 ping 命令时，实际上是当前主机发送一个 ICMP 回送请求报文；如果目的主机能收到这个请求报文并且愿意做出回应，则发送一个 ICMP 回送报文；当这个 ICMP 回送报文顺利抵达当前主机时，就完成了一个 ping 的动作。

例如，在 IP 地址为 192.168.1.19 的主机上测试与 IP 地址为 192.168.1.51 的主机的连通性，可执行"开始"/"Windows 系统"/"命令提示符"命令，在打开的"命令提示符"窗口中输入"ping 192.168.1.51"，按"Enter"键执行，结果如图 4-15 所示。可以看出，两台主机网络相连通。

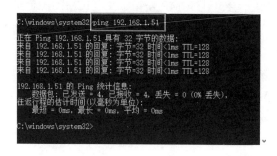

图 4-15　用 ping 命令测试主机连通性

2）tracert

ICMP 另一个非常有用的应用是 tracert（Windows 操作系统中的名字，在 UNIX 操作系统中称为 traceroute）。tracert 命令用于确定 IP 数据报访问目标主机所采取的路径，其命令格式为

tracert　[可选参数]　target_name

其中，target_name 是目的主机的名字或其 IP 地址。tracert 命令的可选参数可在"命令提示符"窗口中执行"tracert -?"命令进行查看。

例如，要查看当前主机访问腾讯邮件服务器（mail.qq.com）时所采取的路径，可以在"命令提示符"窗口输入"tracert mail.qq.com"，按"Enter"键即可显示出经过的每一个路由器及使用的时间，如图 4-16 所示。

图 4-16　使用 tracert 命令获得到目的主机的路由信息

4.1.6　IPv6

现在使用的 IPv4 采用 32 位地址长度，只有大约 43 亿个地址，且已在 2019 年全部分配完毕。早在 1990 年，因特网工程任务组（IETF）就预见了这一状况，并开始启动 IP 新版本的设计工作。经过多次讨论、修订和定位之后，在 1993 年得到了一个名为 SIPP（simple Internet protocol plus）的协议，即 IPv6（网际协议第 6 版）。

1．IPv6 地址

1）IPv6 地址的表示方法

IPv6 地址共 128 位，分 8 组表示，每组 16 位。因为每 4 位二进制数可以用一个十六进制数表示，所以每组由 4 个十六进制数组成，各组之间用"："隔开。每组中前面的 0 可以省略，但每组必须有一个数，如"1080:0:0:0:8:800:200C:417A""FEDC:BA98:7654:3210:FEDC:BA98:7654:3210"。

在 IPv6 地址中有时会出现连续的几组零，为了简化书写，这些零可以用"::"代替，但一个地址中只能出现一次"::"。例如：

1080:0:0:0:8:800:200C:417A	1080::8:800:200C:417A
FF01:0:0:101:0:0:1:101 →	FF01::101:0:0:101 或 FF01:0:0:101::1:101
0:0:0:0:0:0:0:1	::1

在某些情况下，IPv4 地址需要包含在 IPv6 地址中。这时，最后两组用现在习惯使用的 IPv4 的十进制表示方法，前六组表示方法同上。例如，IPv4 地址 61.1.133.1 包含在 IPv6 地址中时表示为 0:0:0:0:0:0:61.1.133.1，或者是::61.1.133.1。

2）IPv6 地址的结构

128 位的 IPv6 地址由 64 位网络地址和 64 位主机地址组成。其中，64 位的网络地址又分为 48 位的全球网络标识符和 16 位的本地子网标识符，如图 4-17 所示。

48 位	16 位	64 位
全球网络标识符	本地子网标识符	节点（主机）标识符

图 4-17　IPv6 地址的结构

2. IPv6 的特点

IPv6 协议不仅适用于网络上的计算机，还适用于所有的通信设备，如手机、无线设备、电话等。IPv6 的主要特点如下。

（1）更大的地址空间。IPv6 地址长度为 128 位（16 字节），即有 2^{128}（3.4E+38）个地址，这一地址空间是 IPv4 地址空间的 2^{96} 倍。在 IPv6 的庞大地址空间中，目前全球入网设备已分配的地址仅占其中极小的一部分，有足够的余量可供未来的发展之用。

（2）简化的报头和灵活的扩展。IPv6 对数据报报头进行了简化，将其基本报头长度固定为 40 个字节，减少了处理开销并节省了网络带宽。此外，IPv6 定义了多种扩展报头，使得 IPv6 变得极其灵活，能提供对多种应用的强力支持，同时又为以后支持新的应用提供了可能。

（3）多样化的地址类型。IPv6 定义了 3 种不同的地址类型：单点传送地址、多点传送地址和任意点传送地址。所有类型的 IPv6 地址都属于接口（interface）而不是节点（node）。一个 IPv6 单点传送地址被赋给某一个接口，而一个接口又只能属于某一个特定的节点，因此一个节点的任意一个接口的单点传送地址都可以用来标识该节点。

（4）即插即用的连网方式。IPv6 允许主机发现自身地址并自动完成地址更改，这种机制既不需要用户花精力进行地址设定，又可以大大减轻网络管理者的负担。IPv6 有两种自动设定功能，一种是和 IPv4 自动设定功能相同的"全状态自动设定"功能，另一种是"无状态自动设定"功能。

（5）网络层的认证与加密。IP 安全协议（IPSec）是 IPv4 的一个可选扩展协议，但却是 IPv6 必须的组成部分，其主要功能是在网络层为数据包提供加密和鉴别等安全服务。IPSec 提供了认证和加密两种安全机制。

◆　认证机制：使通信的接收端能够确认发送端的真实身份及数据在传输过程中是否遭到改动。

◆　加密机制：通过对数据进行编码来保证数据的机密性，以防数据在传输过程中被他人截获而失密。

（6）服务质量的满足。服务质量（quality of service，QoS）通常是指通信网络在承载业务时为业务提供的品质保证。基于 IPv4 的 Internet 在设计之初，只有一种简单的服务质量，即采用"尽最大努力（best effort）"传输。但是随着多媒体业务（如 IP 电话、视频点播、在线会议）的增加，对传输延时和延时抖动有着越来越严格的要求，因此对服务质量的要求也就越来越高。

IPv6 数据报中包含一个 8 位的业务流类别（class）和一个新的 20 位的流标签（flow label）。它的目的是允许发送业务流的源节点和转发业务流的路由器在数据报上加上标记，中间节点在接收到数据报后，通过验证它的流标签就可以判断它属于哪个流，然后就可以知道数据报的 QoS 需求，并进行快速转发。

（7）对移动通信更好的支持。移动互联网已成为我们日常生活的一部分，影响着我们生活的方方面面。IPv6 提供了可移动的 IP 数据服务，让我们可以在世界各地都使用同样的 IPv6 地址，非常适合无线上网的场景。

3. IPv4 到 IPv6 的过渡技术

如何完成从 IPv4 到 IPv6 的转换，是 IPv6 发展中需要解决的首要问题。目前，IETF 已经成立了专门的工作组研究 IPv4 到 IPv6 的转换，并且提出了很多方案，主要包括以下几种类型。

1）网络过渡技术

◆　隧道技术：路由器将 IPv6 数据报封装入 IPv4 数据报，IPv4 数据报的源地址和目的地址分别是隧道入口和出口的 IPv4 地址。当数据报到达隧道出口，再将 IPv6 数据报取出转发给目的节点。利用隧道技术，可以通过运行 IPv4 协议的 Internet 骨干网络（即隧道）将局部的 IPv6 网络连接起来，因而是 IPv4 向 IPv6 过渡初期最易于实现的技术。

◆　网络地址转换/协议转换技术：网络地址转换/协议转换（network address translation-protocol translation，NAT-PT）技术，通过与无状态 IP/ICMP 翻译协议和传统的 IPv4 下的动态地址翻译（NAT）及适当的应用层网关相结合，可以实现只支持 IPv6 的主机和只支持 IPv4 的主机之间大部分应用的相互通信。

2）主机过渡技术

IPv6 和 IPv4 是功能相近的网络层协议，两者都基于相同的物理平台，而且加载于其上的传输层协议又没有任何区别。可以看出，如果一台主机同时支持 IPv6 和 IPv4 两种协议，那么该主机既能与支持 IPv4 的主机通信，又能与支持 IPv6 的主机通信，这就是双协议栈技术的工作原理。

3）应用服务系统过渡技术

在 IPv4 到 IPv6 的过渡过程中，作为 Internet 基础架构的应用服务系统 DNS 也要支持这种网络协议的升级和转换。IPv4 和 IPv6 的 DNS 在记录格式等方面有所不同。为了实现 IPv4 网络和 IPv6 网络之间的 DNS 查询和响应，可以采用应用层网关 DNS-ALG 结合 NAT-PT 的方法，在 IPv4 和 IPv6 网络之间起到翻译的作用。

IPv6 正在赢得越来越多的支持，而且很多网络硬件和软件制造商已经表示支持这个协议。从 IPv4 向 lPv6 的过渡是人们未来实现全球 Internet 不可跨越的步骤，它不是一朝一夕就可以办得到的，而将是一个缓慢和长期的过程。

4.2 用户数据报协议 UDP

用户数据报协议 UDP

在 TCP/IP 协议簇中，有两个传输层协议：传输控制协议（transmission control protocol，TCP）和用户数据报协议（user datagram protocol，UDP）。其中，TCP 是面向连接的、提供可靠服务的协议；UDP 则是无连接的，它提供高效但低可靠性的服务。

UDP 是一个简单的面向数据报的传输层协议：对于应用程序传下来的数据，发送端的 UDP 只在其首部仅仅加入复用/分用和数据校验字段后就交付网际层，如图 4-18 所示。也就是说，应用层交给 UDP 多长的数据，UDP 就一次照样发送相应的报文。接收端的 UDP 收到网际层交付的数据报后，去掉 UDP 首部后原封不动地交付给上层的应用程序。

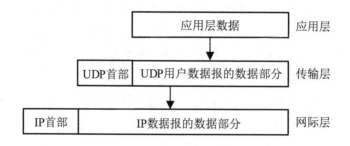

图 4-18 发送端的 UDP 传输过程

4.2.1　UDP 的特点

UDP 的特点主要包括以下几个方面。

（1）无连接的服务。UDP 在传输数据之前无需事先建立连接，因此数据传输时延比较小。

（2）不可靠性。UDP 将应用层的数据尽最大努力交付给网际层，但是并不保证数据能够可靠交付。由于缺乏可靠性，UDP 一般允许一定量的丢包、出错和重复。绝大多数 UDP 应用都不需要可靠机制，如流媒体、实时多媒体游戏和 VoIP（voice over IP），甚至可能因为引入可靠机制而降低性能。

（3）缺乏拥塞避免和控制机制。使用 UDP 时，网络出现的拥塞不会使源主机的发送速率变低，因此需要基于网络的拥塞控制机制来减小因失控和高速 UDP 流量负荷而导致的拥塞崩溃效应。

使用包队列和丢弃技术的路由器等网络设备往往就成为降低 UDP 过大通信量的有效工具。此外，数据报拥塞控制协议（datagram congestion control protocol，DCCP）可以通过在诸如流媒体类型的高速率 UDP 流中增加主机拥塞控制来解决拥塞问题。

（4）支持多种交互通信。UDP 支持一对一、一对多、多对一和多对多的交互通信。

4.2.2　UDP 端口号分配

网络中的通信实际上是进程间的通信，大多数操作系统都支持多进程并发功能，即允许多个应用程序同时运行。因此，通信双方进行通信时，不仅要知道目的主机的地址，还应该确定数据交付的具体进程。为了解决这个问题，传输层协议引入了不同的协议端口（简称端口）来表示不同的应用程序。

与远程应用程序通信时，发送端不仅要知道接收端的地址，每个数据报还必须带有接收端的协议端口号。同样，为使接收端知道把回应数据发送给谁，发送端在数据报中还必须带有自身的协议端口号。

TCP/IP 参考模型的传输层用 16 位的端口号来标识端口，因此允许有 65 535 个不同的端口号，这对于一个计算机来讲是够用的。TCP/IP 协议簇约定：0～1023 为保留端口号，为标准应用服务使用；1024 以上是自由端口号（也称动态端口号），为用户应用服务使用。

表 4-10 列出了常见的 UDP 服务端口号。

表 4-10　常见 UDP 服务端口号

UDP 端口号	协议名称	说　明
53	DNS	域名服务
69	TFTP	简单文件传输协议
161	SNMP	简单网络管理协议
520	RIP	路由信息协议

> **提示**　由于 TCP 和 UDP 是两个独立的模块，因此，它们的端口号也是相互独立的。也就是说，TCP 和 UDP 可以使用相同的端口号，TCP 端口号由 TCP 协议来查看，UDP 端口号由 UDP 协议来查看。

4.2.3　UDP 数据报格式

UDP 数据报有首部和数据两个部分。首部只有 8 个字节，由 4 个字段组成，每个字段长度都是两个字节，如图 4-19 所示。

图 4-19　UDP 数据报格式

UDP 数据报首部中各16位的源端口号和目的端口号用来标记发送和接收的应用进程。因为 UDP 不需要应答，所以源端口号是可选的（如果源端口不用，那么置为零）。在目的端口号后面是长度固定的以字节为单位的长度字段，用来指定 UDP 数据报中包括数据部分的长度，最小值为 8（仅有首部）。16 位的 UDP 校验和是用来对首部和数据部分一起做校验和的，用于检测 UDP 数据报在传输过程中是否出错。

当传输层从网际层收到 UDP 数据报后，根据首部中的目的端口将其交付给相应的应用进程。如果接收端 UDP 发现没有与收到的数据报中的目的端口号相匹配的端口，则丢弃该数据报，并发送"端口不可达"差错报文给发送端；如果匹配端口号已满，也丢弃该报文，但不回送差错报文，只能等待超时重发。

4.3 **4.3　传输控制协议 TCP**

传输控制协议（transmission control protocol，TCP）是传输层上另一著名的协议，它也是 TCP/IP 协议簇中最具代表性的协议。

TCP 除提供进程通信外，主要提供面向连接的、可靠的字节流服务。TCP 数据被封装在一个 IP 数据报中进行传输，如图 4-20 所示。

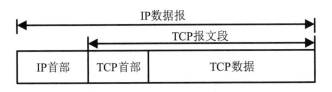

图 4-20　TCP 数据在 IP 数据报中的封装

传输控制协议 TCP

4.3.1　TCP 的特点

从应用程序的角度看，TCP 提供的服务主要有以下几个特点。

（1）面向连接的服务。面向连接意味着两个使用 TCP 的应用程序（通常为一个客户和一个服务器）在彼此交换数据之前必须先建立一个 TCP 连接。TCP 连接只存在于两个终端节点，网络中的中间节点（如路由器和网桥）对这个连接毫不知情（只知道传输的数据而不是连接本身）。

（2）面向字节流的服务。流是无报文丢失、重复和失序的数据序列，两个应用程序通过 TCP 连接交换字节流。TCP 从应用程序处收集数据后，封装成长度适中的一个报文段。在报头的序号域中指出段中数据在发送端数据流中的位置。TCP 为实现流传输服务付出了大量开销。

（3）可靠交付。TCP 的传输过程由建立连接、传输数据和释放连接 3 个步骤组成。一个应用程序在发送数据时，首先要请求建立连接。通过 TCP 连接传送的数据，无差错、不丢失、不重复并且按序到达。

（4）全双工通信。TCP 连接提供的是全双工的数据传输，采用点对点的方式，即在一个 TCP 连接中仅有两方进行通信，因此广播和多播方式不能用 TCP。

（5）流量控制。TCP 连接的双方都有固定大小的缓冲区，流量控制可以防止较快主机致使较慢主机的缓冲区溢出。通常把缓冲区中的空闲部分称为窗口。TCP 采用可变滑动窗口协议，并且当交付的数据不够填满一个缓冲区时，流服务提供 PUSH 机制，应用程序可以进行强迫传送。

4.3.2 TCP 端口号分配

TCP 可以面向多种应用程序提供传输服务。为了能够区分出对应的应用程序，引入了 TCP 端口的概念（与 UDP 类似）。TCP 端口号采用了动态和静态相结合的分配方法，对于一些常用的应用服务使用固定的端口号；对于其他的应用服务，尤其是用户自行开发的应用服务，端口号采用动态分配方法，由用户指定其分配。表 4-11 列出了常见的 TCP 服务端口号。

表 4-11　常见 TCP 服务端口号

TCP 端口号	协议名称	说　　明
21	FTP	文件传输协议
22	SSH	安全外壳协议
23	Telnet	远程登录
25	SMTP	简单邮件传输协议
53	DNS	域名服务
69	TFTP	简单文件传输协议
80	HTTP	超文本传输协议
119	NNTP	网络新闻传输协议

4.3.3 TCP 报文段格式

TCP 虽然是面向字节流的，但 TCP 传送的数据单元是报文段。一个 TCP 报文段分为首部和数据两个部分，如图 4-21 所示。TCP 首部的前 20 个字节是固定的，后面的选项字段根据需要而增加，因此 TCP 报文段的最小长度为 20 字节。

（1）源端口号和目的端口号。源端口号和目的端口号用于表示发送端和接收端的应用进程。这两个值加上 IP 首部中的源 IP 地址和目的 IP 地址可以确定一条唯一的 TCP 连接。

（2）序号。序号字段用于标识从 TCP 发送端向 TCP 接收端发送的数据字节流，它表示在这个报文段中的第一个数据字节的序号。例如，当前报文段的第一个数据字节的序号为 201，数据长度为 100 字节，则当前报文段的序号值为 201，下一个报文段的序号值为 301。序号字段占 4 个字节，当序号到达（$2^{32}-1$）后又从 0 开始。

（3）确认序号。确认序号包含发送确认的一端所期望收到的下一个序号。既然每个传输的字节都被计数，确认序号应当是上次已成功收到数据字节序号加 1。例如，接收端已成功接收发送端发送的序号为 501、数据长度为 200 的报文段。那么，接收端期望收到的下一个数据序号是 701，则该确认序号为 701。

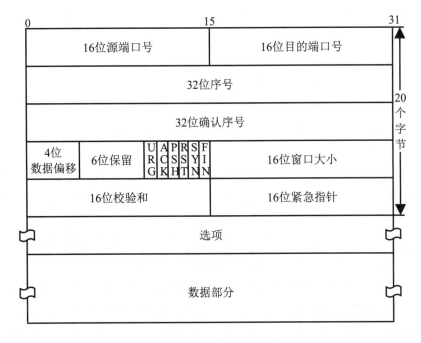

图 4-21　TCP 报文段的格式

TCP 为应用层提供全双工服务。这意味着数据能在两个方向上独立地进行传输。因此，TCP 连接的每一端必须保持每个方向上的传输数据序号。

（4）数据偏移。数据偏移字段指出 TCP 报文段的数据起始处距离 TCP 报文段的起始处有多远。设置这个字段是因为选项字段的长度是可变的。这个字段占 4 位，以 4 个字节为单位，因此 TCP 数据偏移的最大值是 60 字节，也就是说 TCP 首部的最大长度为 60 字节。

（5）保留。保留字段占 6 位，保留为今后使用，目前设置为 0。

（6）标志位。在 TCP 首部中有 6 个标志位，具体含义如下。

◆ URG（urgent）为紧急数据标志。当 URG=1 时，表示紧急指针字段的值有效。此时，该报文段中有紧急数据，应尽快传送，而不是按照原来的顺序传送。

◆ ACK（acknowledgement）为确认标志位。当 ACK=1 时，表示报文段中的确认序号有效；当 ACK=0 时，确认序号无效。TCP 规定：在连接建立后，所有传送的报文段的 ACK 字段必须置 1。

◆ PSH（push）为推送标志位。当 PSH=1 时，表示发送端希望立即得到接收端的响应。此时，发送端的 TCP 应用马上发送该报文段，接收端收到后也应尽快把这个报文段交给应用层。

◆ RST（reset）为复位标志位，用来复位一条连接。如果 TCP 收到的数据不属于该主机上的任何一个连接，则将 RST 字段置 1，并向发送端发送一个复位数据，释放当前连接。RST 字段置 1 还可用来拒绝一个非法的报文段或拒绝打开一个连接。

◆ SYN（synchronous）为同步标志位，在建立连接时用来同步序号。如果 SYN=1，而 ACK=0，表示这是一个连接请求报文段；如果 SYN=1，而 ACK=1，则表示这是一个连接接受报文段。

◆ FIN（finish）为终止标志位，用来释放连接。当 FIN=1 时，表示发送端完成发送任务，希望释放连接。

（7）窗口。窗口表明该报文段的发送端当前能够接收的从确认序号开始的最大数据长度，该值主要向对方声明本地接收缓冲区的使用情况。窗口字段共 16 位，因此窗口字段最大为 65 535 个字节。

（8）校验和。校验和覆盖了整个 TCP 报文段：TCP 首部和 TCP 数据。这是一个强制性的字段，一定是由发送端计算和存储，并由接收端进行验证。

（9）紧急指针。只有当 URG=1 时，该字段才有效。紧急指针是一个正的偏移量，指出本报文段中紧急数据的字节数。也就是说，紧急指针字段和序号字段中的值相加表示紧急数据最后一个字节的序号。值得注意的是，即使窗口字段为零，也可以发送紧急数据。

（10）选项。选项字段长度可变，最长可达 40 个字节。TCP 规定了最长报文段大小，又称为 MSS（maximum segment size）。通信双方通常在通信的第一个报文段中设置这个选项，以指明本端所能接收的报文段的最大长度。

从图 4-21 中可以注意到 TCP 报文段中的数据部分是可选的，在 TCP 连接建立和释放的过程（具体内容在 4.3.4 节中进行讲解）中，双方交换的报文段都是仅有 TCP 首部，没有数据部分的。如果一方没有数据要发送，也可以使用没有任何数据的首部来确认收到的数据。在处理超时的许多情况中，也会发送不带任何数据的报文段。

4.3.4　TCP 连接的建立和释放

TCP 是一个面向连接的协议，传输连接的建立和释放是每一次面向连接的通信中所必不可少的过程。TCP 连接的建立和释放都采用客户/服务器方式，主动发起连接建立的应用进程称为客户（client），而被动等待连接建立的进程称为服务器（server）。下面具体介绍 TCP 连接的建立与释放过程。

TCP 连接的建立和释放

1. TCP 连接的建立

假设客户机上的一个进程想与服务器上另一进程通信，两者要通过"三次握手（three-way handshake）"建立 TCP 连接，如图 4-22 所示。

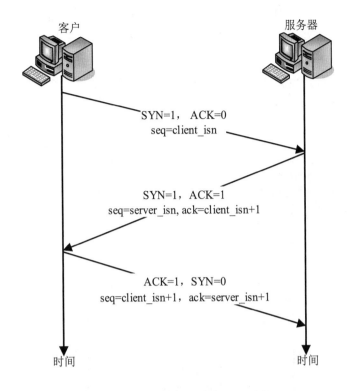

图 4-22　三次握手建立 TCP 连接

（1）第 1 次握手：客户发送连接请求。客户发送一个特殊的 TCP 报文段给服务器，这个报文段不包含应用数据，而将首部的 SYN 标志位置 1，因此也称该报文段为 SYN 报文段。同时，客户还为这个连接设置初始序号 seq=client_isn。该段被封装成 IP 数据报发送给服务器。

（2）第 2 次握手：服务器同意连接确认。当包含 SYN 报文段的 IP 数据报到达服务器（假设正常到达）时，服务器从 IP 数据报中提取出 SYN 报文段，并初始化连接的缓存和变量，同时发送给客户一个同意连接的确认报文段。这个确认报文段也不包含应用数据，而在首部包含三条重要的信息：SYN=1，ACK=1，确认序号 ack=client_isn+1，服务器选择连接的初始序号 seq=server_isn。这个报文段通常称为 SYN&ACK 报文段。

（3）第 3 次握手：客户确认连接。在接收到服务器同意连接的确认后，客户同样要设置连接的缓存和变量，并再向服务器发送一个确认（即对服务器 SYN&ACK 报文段的确认）。这时，ACK=1，SYN=0，表示连接已经建立。

三次握手过程结束后，客户和服务器就可以相互发送数据了。

2. TCP 连接的释放

客户和服务器之间数据传输完成后，需要释放 TCP 连接。建立一个 TCP 连接需要"三次握手"，而释放一个 TCP 连接则需要经过"四次握手"。这是由 TCP 的半关闭造成的。

TCP 连接是全双工通信的，因而每个方向必须单独进行关闭。也就是说，当任意一方完成数据发送任务后都可以发送一个 FIN 报文段来释放这个方向的连接；另一端收到 FIN 报文段后，通知应用层另一端已经终止了该方向的数据传输，也就是对 FIN 报文段进行确认。

通常情况下都是客户主动释放连接，因此以客户主动关闭一个 TCP 连接为例讲解释放 TCP 连接的过程，如图 4-23 所示。

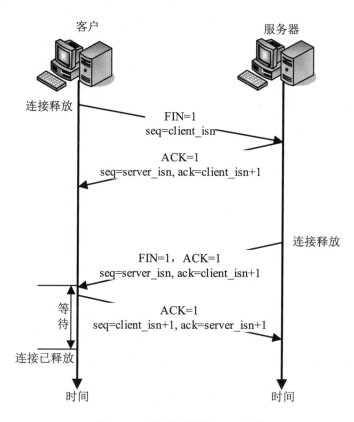

图 4-23　四次握手释放 TCP 连接

（1）第 1 次握手：客户请求关闭连接。客户向服务器发送一个 FIN=1 的 TCP 报文段，并设置初始序号 seq=client_isn。该报文段封装成 IP 数据报传送给服务器。

（2）第 2 次握手：服务器确认客户请求。服务器收到上述 TCP 报文段后，发送一个 ACK 报文段对这个报文进行确认。ACK 报文段中，ACK=1，seq=server_isn，ack=client_isn+1。这时的 TCP 连接处于半关闭状态，即客户机无法向服务器发送数据，但可以接收服务器发来的数据。客户收到服务器的确认报文段后，进入终止等待状态，等待服务器发出的连接释放报文段。

（3）第 3 次握手：服务器请求关闭连接。若服务器中没有需要发送给客户的数据了，则发送自己的连接释放报文段给客户。该报文段中，FIN=1，ACK=1，seq=server_isn，ack=client_isn+1。

（4）第 4 次握手：客户确认服务器请求。客户收到服务器的连接释放报文段后，对服务器的连接释放报文段进行确认。在确认报文段中，ACK=1，ack=server_isn+1，seq=client_isn+1。然后进入时间等待状态。经过时间等待计时器设置的时间 2MSL 后，客户才真正释放连接。

 知识库

> MSL 是最长报文段寿命（maximum segment lifetime），设置这个时间是为了保证客户发送的最后一个 ACK 报文段能够到达服务器。RFC 793 建议将 MSL 设为 2 分钟，TCP 允许不同的实现根据具体情况使用更小的 MSL 值。

 拓展阅读

"高速公路"全面建成，IPv6 阔步向前

IPv6 作为下一代互联网重要创新平台，具有网络地址充足、可拓展报头、分段路由可溯源的优势，为 5G、物联网、云计算、大数据、人工智能、工业互联网等新技术的融合创新发展提供坚实支撑，成为网络技术重点创新方向和万物互联时代重要基石。

从 2003 年中国下一代互联网示范工程（CNGI）正式启动至今，短短十几年的发展，彰显着 IPv6 的无限发展潜力。

不止步：从"通路"走向"通车"

为加快推动我国 IPv6 从"通路"走向"通车"，工业和信息化部已经连续三年先后开展"IPv6 网络就绪""IPv6 端到端贯通""IPv6 流量提升"等系列专项工作，组织全行业扎实推进各项工作。

工业和信息化部总工程师在 2021 中国 IPv6 创新发展大会上介绍了我国在 IPv6 网络建设上实现的诸多突破：一是 IPv6 "高速公路"全面建成，我国已申请 IPv6 地址资源位居全球第一，国内用户量排名前 100 的商业网站及应用均可通过 IPv6 访问；二是终端设备加快升级，端到端贯通关键环节实现突破；三是创新活力持续释放，IPv6 用户和流量规模显著提升，截至 2021 年 8 月，我国 IPv6 活跃用户数已达 5.51 亿，约占中国网民数的 54.52%。我国移动网络 IPv6 流量从无到有，占比达到 22.87%，提前超额完成年度目标。

下一程："IPv6+"大显身手

为应对数字化发展带来的新挑战，"IPv6+"创新技术体系应运而生。"IPv6+"是 IPv6 下一代互联网的升级，是面向 5G 和云时代的 IP 网络创新体系。"当前中国在

'IPv6+' 技术体系创新上，处于全球领先地位。"据华为技术有限公司副总裁介绍，在商用进展方面，中国已经成功部署了超过 84 张网络，涉及政府、金融、能源、制造等多个行业，占全球商用部署数量的 80%以上；在认证体系方面，中国信通院创建了全球首个 "IPv6+" 认证评估体系，助力 "IPv6+" 产业规范、健康发展，华为也成为首家通过该项认证的网络设备厂商；在产业生态方面，中国 IPv6+创新推进组吸纳 40 多个产业链伙伴，围绕技术创新与商用落地等课题进行深入研究，同时与 IETF、ETSI 等全球相关组织协同推动 "IPv6+" 技术发展，构建网络空间命运共同体。

"十四五" 时期是我国加快数字化发展、建设网络强国和数字中国的重要战略机遇期，也是推动 IPv6 实现创新发展的关键时期。可以预见，"IPv6+" 将作为一个引擎，充分释放 IPv6 灵活开放能力，实现网络升级，促进下一代互联网服务能力提升，在千行百业的数字化发展中大显身手，助力数字中国扬帆远航。

习　题

1. 判断题

（1）通过局域网上网的计算机的 IP 地址是固定不变的。　　　　　　（　　）

（2）IP 地址是 Internet 上主机的唯一标识。　　　　　　　　　　（　　）

（3）某一主机的 IP 地址为 182.192.168.7，它属于 C 类地址。　　　（　　）

（4）ICMP 是一种用于传输错误报告控制信息的协议。　　　　　　（　　）

（5）广播到本地网内所有主机的 IP 地址是 255.255.255.255（全 1），表示自身的 IP 地址是 0.0.0.0（全 0），用于循环测试的 IP 地址是 127.0.0.1。　　　（　　）

（6）IPv4 地址由 32 位二进制数所组成。　　　　　　　　　　　（　　）

（7）子网掩码由 32 位二进制数所组成。　　　　　　　　　　　　（　　）

（8）IPv6 地址采用十六进制的表示方法，共 128 位，分 8 组表示，每组 16 位。　（　　）

（9）TCP 提供面向字节流的传输服务，为实现流传输服务付出了大量开销。　（　　）

（10）简单邮件传输协议（SMTP）的端口号为 25，文件传输协议（FTP）的端口号为 23。　　　　　　　　　　　　　　　　　　　　　　　　　　（　　）

2. 选择题

（1）IPv4 地址用（　　）位二进制数表示。

    A. 32　　　　　　　　　　　　　　B. 48

    C. 128　　　　　　　　　　　　　　D. 64

（2）以下 IP 地址中，属于 B 类地址的是（　　　）。

  A．112.213.12.23　　　　　　　　B．210.123.23.12

  C．23.123.213.23　　　　　　　　D．156.123.32.12

（3）如果一台主机的 IP 地址为 192.168.0.10，子网掩码为 255.255.255.240，那么主机所在网络的网络号占 IP 地址的（　　　）位。

  A．24　　　　　　　　　　　　　B．25

  C．27　　　　　　　　　　　　　D．28

（4）为了解决现有 IP 地址资源短缺、分配严重不均衡的局面，我国协同世界各国正在过渡到下一代 IP 地址技术，即（　　　）。

  A．IPv3　　　　　　　　　　　　B．IPv4

  C．IPv5　　　　　　　　　　　　D．IPv6

（5）下列 IP 地址中，不合法的是（　　　）。

  A．202.100.199.8　　　　　　　　B．202.172.16.35

  C．172.16.16.16　　　　　　　　D．192.168.258.1

（6）IP 地址为 126.0.254.251 的主机中，代表网络标识的数字是（　　　）。

  A．126　　　　　　　　　　　　　B．0

  C．126.0　　　　　　　　　　　　D．254

（7）连接在 Internet 上的每一台主机都有一个 IP 地址，下列不能作为 Internet 上可用的 IP 地址的是（　　　）。

  A．201.109.39.68　　　　　　　　B．127.0.0.1

  C．21.18.33.48　　　　　　　　　D．120.34.0.18

（8）IP 地址 10000001 00110100 00000000 00001111 的点分十进制写法是（　　　）。

  A．90.43.0.15　　　　　　　　　B．129.52.0.15

  C．128.10.5.37　　　　　　　　　D．90.3.96.44

（9）要将一个 IP 地址是 220.33.12.0 的网络划分成多个子网，每个子网包括 25 台主机并要求有尽可能多的子网，则指定的子网掩码应为（　　　）。

  A．255.255.255.192　　　　　　　B．255.255.255.240

  C．255.255.255.224　　　　　　　D．255.255.255.248

（10）下面 IPv6 地址中，合法的是（　　　）。

  A．1080:0:0:0:8:800:200C:417K　　B．FFO1::101::1OOF

  C．23F0::8:D00:316C:4A7F　　　　D．0.0:0:0:0:0:0:0:0:1

（11）下列关于 UDP 特点的说法中，不正确的是（　　　）。

  A．提供可靠的服务　　　　　　　B．提供无连接的服务

  C．提供端到端的服务　　　　　　D．提供全双工服务

（12）下列关于 TCP 特点的说法中，不正确的是（　　）。

    A．提供可靠的服务   B．提供面向连接的服务

    C．没有流量控制   D．提供全双工服务

（13）下列关于 TCP 连接的说法中，不正确的是（　　）。

    A．建立 TCP 连接要通过"三次握手"

    B．释放 TCP 连接要通过"四次握手"

    C．TCP 连接的建立和释放都采用客户/服务器方式

    D．主动发起连接建立的应用进程称为服务器，而被动等待连接建立的进程称为客户

（14）下列协议和端口号的对应关系中，不正确的是（　　）。

    A．FTP　21   B．Telnet　22

    C．HTTP　80   D．DNS　53

（15）下列关于 TCP/IP 协议簇的说法中，不正确的是（　　）。

    A．TCP/IP 协议簇中只包含 TCP 和 IP

    B．TCP/IP 协议簇是一种开放的协议标准

    C．TCP/IP 协议簇中包含很多协议

    D．TCP/IP 协议簇中最重要的两个协议是 TCP 和 IP

3．综合题

（1）说明 TCP 连接的建立过程，并写出重点标志位的值。

（2）已知 IP 地址是 192.238.7.45，子网掩码是 255.255.255.224，求子网位数、子网地址和每个子网容纳的主机 IP 地址范围。

（3）某单位申请到一个 B 类 IP 地址，其网络标识为 130.53。现进行子网划分，若选用的子网掩码为 255.255.224.0，则可划分为多少个子网？每个子网中的主机最多为多少台？请列出全部子网地址。

（4）回答以下有关子网掩码的问题。

① 子网掩码为 255.255.255.0 代表什么含义？

② 一个 C 类网络的子网掩码为 255.255.255.248，该网络最多能够连接多少台主机？

③ 一个 A 类网络和一个 B 类网络的子网号分别为 16 位和 8 位。这两个网络的子网掩码有何不同？

④ A 类网络的子网掩码为 255.255.0.255，它是否为一个有效的子网掩码？

第 5 章
局域网技术

 章首导读

局域网是 20 世纪 70 年代后迅速发展起来的计算机网络，是指较小地理范围内（如校园、家庭、办公室）的各种通信设备互连在一起的通信网络。

本章主要介绍局域网的相关知识，包括局域网的特点、体系结构、IEEE 802 标准、组网模式，局域网的介质访问控制方法，以太网技术，快速网络技术，虚拟局域网技术和无线局域网技术等。

 **学习目标**

- 熟悉局域网的特点、体系结构、IEEE 802 标准和组网模式。
- 理解并掌握局域网的介质访问控制方法。
- 理解并掌握以太网，尤其是交换式以太网的结构和特点。
- 理解并掌握以太网交换机的工作原理和帧转发方式。
- 理解并掌握快速网络技术，包括快速以太网、千兆以太网和万兆以太网。
- 理解并掌握虚拟局域网和无线局域网技术。

 素质目标

- 养成独立思考的学习习惯，在实践中敢于创新、善于创新。
- 具备科学严谨的态度，自觉提高自己的专业技能和职业素养。

5.1 认识局域网

5.1.1 局域网的特点和分类

局部区域网络（local area network，LAN）简称"局域网"，是一种将较小地理范围内的各种通信设备互连在一起的通信网络。

1. 局域网的特点

局域网既具有一般计算机网络的特点，又具有如下几个特点。

（1）网络所覆盖的地理范围比较小，通常不超过 10 km，甚至只在一幢建筑或一个房间内，传输介质以光纤和双绞线为主。

（2）数据传输速率高，一般为 10 Mbps～100 Mbps。目前 1 000 Mbps 的局域网已非常普遍。

（3）误码率低，一般在 10^{-12}～10^{-8} 以下。这是因为局域网通常采用短距离基带传输，可以使用高质量的传输媒体，从而提高了数据传输质量。

（4）协议简单，结构灵活，组网成本低、周期短，便于管理和扩充。

（5）一般侧重共享信息的处理，通常没有中央主机系统，而是以 PC 为主体，包括终端及各种外设。

局域网技术是目前非常活跃的技术领域，各种局域网层出不穷，并在实际中得到广泛应用，极大地推进了信息化社会的发展。尽管局域网是结构复杂程度最低的网络，但这并不意味着它必定是小型的或简单的。

2. 局域网的分类

从目前的发展情况来看，局域网可以分为共享式局域网和交换式局域网两大类，如图 5-1 所示。共享式局域网分为传统以太网、令牌环网、令牌总线网和 FDDI，以及在此基础上发展起来的快速以太网、吉比特以太网、FDDI Ⅱ等。交换式局域网又可以分为交换式以太网和 ATM，以及在此基础上发展起来的虚拟局域网。

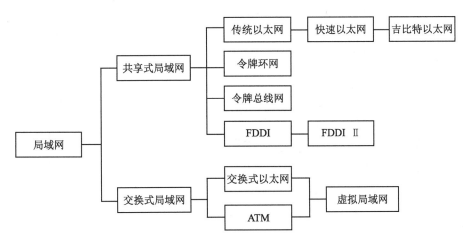

图 5-1 局域网的分类

5.1.2 局域网体系结构与 IEEE 802 标准

自 1980 年 2 月局域网标准化委员会（IEEE 802 委员会）成立以来，该组织制定了一系列局域网标准，称为 IEEE 802 标准。IEEE 802 标准化工作进展很快，不但为以太网、令牌环网、FDDI 等传统局域网制定了标准，还制定了一系列高速局域网标准，如快速以太网、交换式以太网、千兆以太网、万兆以太网及无线局域网标准等。局域网的标准化极大地促进了局域网技术的飞速发展，并对局域网的应用起到了巨大的推动作用。

1. 局域网的体系结构

IEEE 802 标准所描述的局域网参考模型只对应 OSI 参考模型的数据链路层和物理层，如图 5-2 所示。局域网参考模型将数据链路层划分为逻辑链路控制（logical link control，LLC）子层与介质访问控制（media access control，MAC）子层。LLC 子层完成与介质无关的功能，而 MAC 子层完成依赖于介质的数据链路层功能，这两个子层共同完成数据链路层的全部功能。

局域网体系结构

1）物理层

物理层与 OSI 参考模型中的物理层一样，主要作用是在物理介质上实现位（也称为比特流）的传输和接收。除此之外，物理层还规定了信号的编码/解码方式、传输介质，以及有关的网络拓扑结构和数据传输速率等。另外，物理层还具有错误校验功能（CRC 校验），以保证位信号的正确发送与接收。

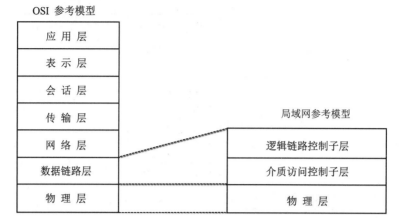

图 5-2　局域网参考模型与 OSI 参考模型的对应关系

2）MAC 子层

MAC 子层是数据链路层的一个功能子层，它构成了数据链路层的下半部，直接与物理层相邻。MAC 子层的主要功能是进行合理的信道分配，解决信道竞争问题，以及管理多链路。MAC 子层为不同的物理介质定义了不同的介质访问控制方法，其中较为著名的有带冲突检测的载波监听多路访问（CSMA/CD）、令牌环（Token Ring）和令牌总线（Token Bus）。

MAC 子层的另一个主要功能是在发送数据时，将从上一层接收的数据（LLC 协议数据单元）封装成带 MAC 地址和差错检测字段的数据帧；在接收数据时，将从下一层接收的帧解封并完成地址识别和差错检测。

3）LLC 子层

LLC 子层也是数据链路层的一个功能子层，它构成了数据链路层的上半部，与网络层和 MAC 子层相邻。LLC 子层在 MAC 子层的支持下向网络层提供服务。LLC 子层与传输介质无关，它独立于介质访问控制方法，隐藏了各种局域网技术之间的差别，向网络层提供统一的信号格式与接口。

LLC 子层的主要功能是建立、维持和释放数据链路，提供一个或多个服务访问点，为网络层提供面向连接或无连接的服务。另外，为保证局域网数据的无差错传输，LLC 子层还提供差错控制、流量控制、发送顺序控制等功能。

2. IEEE 802 标准

IEEE 802 标准是关于局域网和城域网的一系列标准。常用的 IEEE 802 标准包括以下几种。

◆ IEEE 802.1：局域网概述、体系结构、网络管理和网络互联。

◆ IEEE 802.2：逻辑链路控制 LLC，关于数据帧的错误控制及流控制。

◆ IEEE 802.3：以太网标准，包含 CSMA/CD 介质访问控制方法和物理层规范。

◆ IEEE 802.4：Token Bus 局域网（令牌总线网）标准，包含令牌总线介质访问控制方法和物理层规范。

◆ IEEE 802.5：Token Ring 局域网（令牌环网）标准，包含令牌环介质访问控制方法和物理层规范。

◆ IEEE 802.6：MAN（城域网）标准，包含城域网访问方法和物理层规范。

◆ IEEE 802.7：宽带技术标准，包括宽带网络介质、接口和其他设备。

◆ IEEE 802.8：光纤技术标准，包括光纤介质的使用及不同网络类型技术的使用。

◆ IEEE 802.9：综合声音/数据服务的访问方法和物理层规范。

◆ IEEE 802.10：网络安全技术，包括网络访问控制、加密、验证或其他安全主题。

◆ IEEE 802.11：无线局域网介质访问控制方法和物理层技术规范，包括 IEEE 802.11a、IEEE 802.11b、IEEE 802.11c 和 IEEE 802.11q 标准。

◆ IEEE 802.12：定义了 100VG-AnyLAN 规范。

◆ IEEE 802.14：定义了电缆调制解调器标准。

◆ IEEE 802.15：定义了近距离个人无线网络标准。

◆ IEEE 802.16：定义了宽带无线局域网标准。

◆ IEEE 802.17：弹性分组环（RPR）工作组。

◆ IEEE 802.18：宽带无线局域网技术咨询组。

◆ IEEE 802.19：多重虚拟局域网共存技术咨询组。

◆ IEEE 802.20：移动宽带无线接入（MBWA）工作组。

5.1.3　局域网的组网模式

1. 局域网的拓扑结构

目前，大多数局域网使用的拓扑结构主要有星型、环型和总线型 3 种。

（1）星型。星型是目前局域网中应用最为普遍的一种拓扑结构。星型局域网结构简单，容易实现，成本低，节点扩展、移动方便，对中央节点的可靠性和冗余度要求很高，但其传输介质不能共享。最典型的星型局域网就是交换式以太网。

（2）环型。环型局域网中信息只能单向传输，其控制简单、信道利用率高、不存在数据冲突问题、传输速度较快，但是对传输线路要求较高、扩展性能差、维护起来比较困难。典型的环型局域网是 IBM 令牌环网。

（3）总线型。总线型局域网中所有的节点都通过相应的硬件接口直接与总线相连。总线型局域网可靠性高、组网费用低、节点扩展灵活、维护也较为容易，但网络中各节点共享总线宽带，数据传输速率与接入网络的用户数量成反比。另外，如果主干线路发生故障，那么整个网络将瘫痪。

2. 局域网的组成

局域网的基本组成包括网络硬件和网络软件两大部分。

1）网络硬件

网络硬件主要包括服务器、工作站和网络通信系统等。

（1）服务器（server）。服务器是用来管理网络并为网络用户提供文件数据、打印机共享等服务的计算机，是网络控制的核心。作为服务器的计算机通常需要具有较高的性能，包括较快的数据处理速度、强大的存储容量和较高的可靠性。

（2）工作站（workstation）。工作站是指用户使用的计算机，又称为用户机或客户机。从网络构成的角度看，任何一台计算机都可作为工作站。工作站可以具备一定的数据处理能力，还可以通过网络按规定权限存取服务器中的数据。此外，工作站通常还可以与网络中的其他工作站进行通信或访问网络。

（3）网络通信系统（network communications system）。网络通信系统是连接工作站和服务器的硬件设备。这些设备通常包括专用的网络通信设备，如集线器、交换机、路由器、网卡等，以及用于传输数据的通信介质，如同轴电缆、双绞线、光纤等。通信设备通过通信介质互相连接。

2）网络软件

网络软件也是局域网中不可缺少的重要部分。网络软件主要包括网络操作系统、网络应用软件、协议软件、通信软件和管理软件等。

（1）网络操作系统（network operating system）。对于稍大一点的局域网来说，为了充分发挥网络的功能和更好地管理网络，通常会在服务器中安装网络操作系统。例如，基于安全起见，企业的几乎所有数据（如财务、销售等）都被保存在服务器中，并非每个人都能访问这些数据。通常情况下，只有企业负责人拥有最高权限，而其他人只能查看部分数据。因此，就必须借助网络操作系统来对网络中的资源和用户进行管理，它可以赋予用户一定的权限，并分配用户所能访问的网络资源。

（2）网络应用软件（network application software）。网络应用软件是直接面向用户的网络软件，是专门为某一个应用领域而开发的软件，能为用户提供一些实际的应用服务，如远程教学、远程医疗、视频会议等。

5.2 局域网的介质访问控制方法

局域网内一般采用共享介质，这样可以节约局域网的造价。对于共享介质，关键问题是当多个节点同时访问介质时如何进行控制，这就涉及局域网的介质访问控制方法。局域网中常用的介质访问控制方法有 CSMA/CD 介质访问控制、Token Ring 介质访问控制和

Token Bus 介质访问控制。

5.2.1　CSMA/CD 介质访问控制

1. CSMA/CD 的工作原理

CSMA/CD（carrier sense multiple access with collision detection）译为带有冲突检测的载波侦听多路访问技术，它是一种允许冲突的介质随机发送的多路访问控制协议，其工作原理可以类比多人开会。在会议中，当某个人想发言时，需要先听是否有其他人在发言：如果有，则继续听，等等再说；如果没有，就可以发言。在没有人发言的情况下，可能出现同时有两人或多人发言的情况，这种情况称

CSMA/CD 工作原理

为冲突。一旦发生冲突，立刻停止发言，继续监听，等过一段时间再发言。如果冲突发生多次仍无法发言，那么暂时放弃发言。与此类似，CSMA/CD 的工作原理如图 5-3 所示。

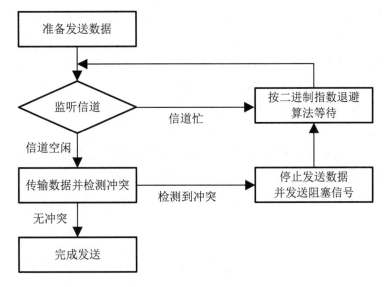

图 5-3　CSMA/CD 的工作原理

（1）多路访问（multiple access，MA）。网络中的任意节点都可以发送数据。

（2）载波侦听（carrier sense，CS）。在发送数据前，需要检测信道上是否有其他节点在发送数据。若信道忙（即有节点在发送数据），则继续监听信道，一直等到信道空闲再发送数据。

（3）冲突检测（collision detection，CD）。在发送数据时，还要检测是否存在冲突信号：如果没有冲突信号则完成数据发送；如果检测到冲突信号，则立即停止发送数据，并发送阻塞信号，然后按二进制指数退避算法计算等待时间。在等待一个时隙后，再重新监

听信道状态和检测冲突信号。

（4）如果载波侦听和冲突检测过程进行了多次，依然没有成功发送数据，则暂时放弃发送数据。

根据以上工作过程，CSMA/CD 的特点可以概括为 4 点：先听先发，边听边发，冲突停止，后退重传。

2. 二进制指数退避算法

CSMA/CD 中，在检测到冲突并发完阻塞信号后，为了降低再冲突的概率，需要等待一个随机时间，然后再用 CSMA 的算法发送数据。为了确定这个随机时间，CSMA/CD 采用了一个通用的退避算法，称为二进制指数退避算法，其过程如下。

（1）对每个帧，当第一次发生冲突时，设置参量 $L=2$。

（2）退避间隔取 1 到 L 个时间片中的一个随机数。1 个时间片等于 2α。

（3）当帧重复发生一次冲突时，将参量 L 加倍。然后再次按照（2）计算退避间隔。

（4）设置一个最大重传次数，超过这个次数，则不再重传，并报告出错。

这个算法是按后进先出的次序控制的，即未发生冲突或很少发生冲突的帧，具有优先发送数据的机会，而发生过多次冲突的帧，其发送数据成功的概率越来越小。IEEE 802.3 就是采用 CSMA/CD 介质访问控制方法，并结合二进制指数退避算法。这种方法在轻负载时，只要介质空闲，要发送帧的节点就能立即发送；而在重负载时，仍能保证系统稳定。由于在介质上传播的信号衰减，为了正确地检测出冲突信号，传统的 802.3 网络限制电缆最大长度为 500 m。

二进制指数退避算法的核心思想是，节点冲突次数越多，平均等待时间也越长。从单个节点的角度来看，好像是不公平的，但从整个网络来看，节点冲突次数的增加，意味着网络的负载较大，因而要求节点的平均等待时间增大，这样可以更快地解决节点的冲突问题。

5.2.2 令牌环（Token Ring）介质访问控制

令牌环（Token Ring）网是 IBM 公司于 20 世纪 70 年代发展的，现在这种网络比较少见。在老式的令牌环网中，数据传输速度为 4 Mbps 或 16 Mbps，新型的快速令牌环网速度可达 100 Mbps。Token Ring 是一种令牌环网协议，定义在 IEEE 802.5 中。

1. 令牌环的结构

令牌环在物理上是一个由一系列环接口和这些接口间的点对点链路构成的闭合环路，各节点通过环接口连入网中，如图 5-4 所示。对媒体具有访问权的某个发送节点，通过环接口入径链路将数据帧串行发送到环上；其余各节点从各自的环接口出径链路逐位接收数据帧，同时通过环接口入径链路再生、转发，使数据帧在环上从一个节点到下一个节点环行，所寻址的目的节点在数据帧经过时读取其中的信息；最后，数据帧绕环一周返回发送节点，并由发送节点从环上撤除所发的数据帧。

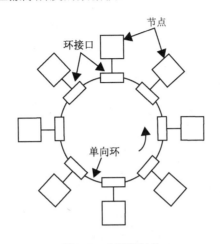

图 5-4　令牌环结构

2. 令牌环访问控制方法

由点对点链路构成的环路上运行的数据帧能被所有的节点接收，而且任何时刻仅允许一个节点发送数据，因此同样存在发送权竞争问题。为了解决竞争，可以使用一个称为令牌（Token）的特殊比特模式，使其沿着环路循环。规定只有获得令牌的节点才有权发送数据帧，完成数据发送后立即释放令牌以供其他节点使用。由于环路中只有一个令牌，因此任何时刻至多只有一个节点发送数据，不会产生冲突。并且，令牌环上各节点均有相同的机会公平地获取令牌。

令牌环介质访问
控制方法

（1）网络空闲时，只有一个令牌在环路上绕行。令牌是一个特殊的比特模式，其中包含一位"令牌/数据帧"标志位，标志位为"0"表示该令牌为可用的空令牌，标志位为"1"表示有节点正占用令牌发送数据帧。

（2）当一个节点要发送数据时，必须等待并获得一个令牌，将令牌的标志位置为"1"，随后便可发送数据。

（3）环路中的每个节点边转发数据，边检查数据帧中的目的地址，若为本节点的地址，便读取其中所携带的数据。

（4）数据帧绕环一周返回时，发送节点将其从环路上撤销。同时根据返回的有关信息确定所传数据有无出错。若有错则重发存于缓冲区中的待确认帧，否则释放缓冲区中的待确认帧。

（5）发送节点完成数据发送后，重新产生一个空令牌并传至下一个节点，以使其他节点获得发送数据的许可权。

以节点 A 向节点 C 发送数据为例，令牌环的操作过程如图 5-5 所示。

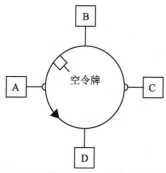

（a）网络空闲时，空令牌绕行

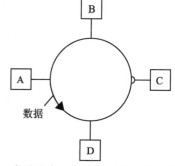

（b）发送节点 A 把空令牌改成忙令牌，并附加要发送的数据

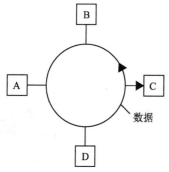

（c）接收节点 C 读取发送给它的数据，其他中间节点只转发不读取数据

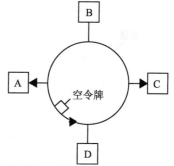

（d）数据帧回到发送节点 A，发送节点 A 收回数据帧，产生空令牌并传至下一节点

图 5-5　令牌环的操作过程

3. 令牌环的维护

令牌环的故障处理功能主要体现在对令牌和数据帧的维护上。令牌绕环传递过程中可能受干扰而出错，造成环路上无令牌循环；另外，当某个节点发送数据帧后，由于故障而无法将所发的数据帧从环网上撤销时，会造成环网上数据帧持续循环。令牌丢失和数据帧未撤销，是环网上最严重的两种差错。

（1）令牌丢失的差错。为避免令牌丢失，可以在环路上指定一个节点作为主动令牌管理站，并通过一种超时机制来检测令牌丢失的情况。设置的超时值应比最长的帧完全遍历环路所需的时间还要长一些。如果在该时段内没有检测到令牌，便认为令牌已经丢失，管理站将清除环路上的数据碎片，并重新发出一个令牌。

（2）数据帧未撤销的差错。为了检测到一个持续循环的数据帧，管理站在经过的任何一个数据帧上置其监控位为 1，如果管理站再次检测到一个经过的数据帧的监控位为 1，便知道有某个节点未能清除自己发出的数据帧，管理站将清除该循环的数据帧。

Token Ring 协议的特点是，在轻负载时，由于一个节点在发送前必须等待空令牌到来，故效率很低；在重负载时，各节点访问机会均等，效率较高；访问方式具有可调整性和确定性，各节点既具有同等的介质访问权，也可以有优先级操作和带宽保护；主要缺点是有较复杂的令牌维护要求。

5.2.3　令牌总线（Token Bus）介质访问控制

令牌总线介质访问控制是在物理总线上建立一个逻辑环，如图 5-6 所示。从物理上看，这是一个总线型结构的局域网，节点共享的传输介质为总线；从逻辑上看，这是一个环型结构的局域网，接在总线上的节点组成一个逻辑环，每个节点被赋予一个顺序的逻辑位置。

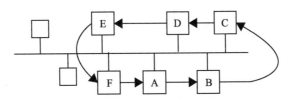

图 5-6　令牌总线介质访问控制

和令牌环一样，节点只有取得令牌才能发送帧，令牌在逻辑环上依次传递，在正常运行时，当节点完成了它的数据发送时，就将令牌传送给下一个节点。从逻辑上看，令牌是按地址的递减顺序传送至下一个节点；但从物理上看，带有目的地址的令牌帧是广播到总线上所有的节点，当目的节点识别出符合它的地址时，即读取其中所携带的数据。

因为只有取得令牌的节点才能将数据帧传送到总线上，因此，与 CSMA/CD 访问方式不同，它不可能产生冲突。由于不可能产生冲突，令牌环的数据帧长度只需要根据要传送的信息长度来确定。例如，一些用在控制方面的令牌总线帧可以设置得很短，这样传输开销就减少了，相当于增加了网络容量。

假如取得令牌的节点有数据要发送，则发送数据帧，随后将令牌传送给下一个节点；假如取得令牌的节点没有数据要发送，则立即把令牌传送给下一个节点。由于节点接收到令牌的过程是顺序进行的，因此所有节点都有公平的访问权。

为了使节点等待取得令牌的时间是确定的，需要限定每个节点发送帧的最大长度。如果所有节点都有数据要发送，最坏情况下，等待取得令牌和发送数据的时间应该等于全部令牌传递时间和报文发送时间的总和。如果只有一个节点有数据要发送，则最坏情况下等待时间只是全部令牌传递时间的总和，而平均等待时间是它的一半。

对于应用在控制方面的局域网，这个等待取得令牌的时间是一个很关键的参数，可以根据需求限定网中的节点数及最大的报文长度，从而保证在限定的时间内，任一节点都可以取得令牌。

令牌总线网络的正常操作是十分简单的，然而，网络必须有初始化的功能，即能够生成一个顺序访问的次序；当网中的令牌丢失或产生多个令牌时，必须有故障恢复功能；还应该有将不活动的节点从环中删除，以及将新的活动节点加入环的功能，这些附加功能大大增加了令牌总线介质访问控制的复杂性。

5.3 以太网技术

以太网（ethernet）最早起源于美国 Xerox 公司于 1973 年建造的第一个 2.94 Mbps 的 CSMA/CD 系统，该系统可以在 14 m 的电缆上连接 100 多个个人工作站。此后，Xerox、DEC 和 Intel 公司于 1980 年联合起草了以太网标准，并于 1982 年发表了第 2 版的以太网标准。1985 年，IEEE 802 委员会吸收以太网标准为 IEEE 802.3 标准，并对其进行了修改。

为满足网络应用的需求，以太网技术也在不断飞速发展。在 10 Mbps 以太网（传统以太网）的基础上，相继开发出了 100 Mbps 快速以太网、1 000 Mbps 千兆以太网及 10 Gbps 万兆以太网。

5.3.1 以太网

以太网的相关产品非常丰富，大多发展成熟、性价比高、传输速率高、网络软件丰富、安装维护方便，且得到了业界几乎所有经销商的支持，逐渐成为当今国际最流行的局域网。

1. 以太网的技术特点

以太网在技术上具备以下几个特点。

（1）以太网不是一种具体的网络，而是一种技术规范，采用基带传输技术。

（2）以太网的标准是 IEEE 802.3，使用 CSMA/CD 介质访问控制方法争用总线。

（3）以太网采用广播式传输技术，是一种广播式网络，具有广播式网络的全部特点。

（4）以太网采用曼彻斯特编码方案。

（5）以太网传输速率高，最高可达 10 Gbps。

（6）以太网采用可变长帧，长度为 64 字节~1 518 字节。

（7）以太网可以采用多种连接介质，包括同轴电缆、双绞线和光纤等。其中双绞线多用于从主机到集线器或交换机的连接，而光纤则主要用于交换机间的级联和交换机到路由器间的点对点链路。同轴电缆作为早期的主要连接介质已经趋于淘汰。

（8）以太网的拓扑结构主要有总线型和星型。总线型拓扑所需的介质较少、价格便宜，但管理成本高、不易隔离故障点，并且采用共享的访问机制，易造成网络拥塞。星型拓扑管理方便、容易扩展，但需要专用的网络设备作为网络的核心节点、需要更多的介质、对核心设备的可靠性要求高。星型拓扑可以通过级联的方式很方便地将网络扩展到很大的规模，因此被绝大部分的以太网所采用。

2. 以太网体系结构

IEEE 802.3 以太网体系结构与 OSI 参考模型的对应关系如图 5-7 所示，它主要对应于 OSI 参考模型的物理层和数据链路层。

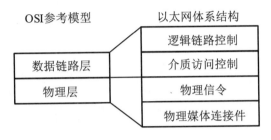

图 5-7　以太网体系结构与 OSI 参考模型的对应关系

1）物理层

为了使物理层的功能便于实现，IEEE 802.3 将物理层细分为两个子层：物理信令（physical signaling，PLS）子层和物理媒体连接件（physical medium attachment，PMA）子层。

（1）PLS 子层向 MAC 子层提供服务，它规定了 MAC 子层与物理层的界面，是与传输媒体无关的物理层规范。在发送比特流时，它负责对比特流进行曼彻斯特编码。在接收比特流时，它负责对曼彻斯特码进行解码。另外，PLS 子层还负责完成载波监听功能。

（2）PMA 子层向 PLS 子层提供服务，它负责向传输媒体上发送比特信号和从传输媒体上接收比特信号，并完成冲突检测功能。

2）数据链路层

在以太网体系结构中，数据链路层被分为介质访问控制（MAC）子层和逻辑链路控制（LLC）子层。在 LLC 子层不变的情况下，只需改变 MAC 子层就可以适应不同的介质和访问方法。

IEEE 802.3 中规定的 MAC 子层协议包括帧格式和 CSMA/CD 协议，下面我们主要介绍 IEEE 802.3 帧格式。目前，大多数 TCP/IP 应用都采用 Ethernet V2 帧格式，也就是现在所称的 IEEE 802.3 以太网帧格式，如图 5-8 所示。

单位：字节

7	1	6	6	2	2	46～1 500		4
前导符	起始符	目的MAC地址	源MAC地址	长度	类型	数据	PAD	CRC

图 5-8　IEEE 802.3 以太网帧格式

（1）前导符。前导符是 7 个字节的 10101010。前导符字段的曼彻斯特编码会产生 10 MHz、持续 5.6 μs 的方波，便于接收端与发送端的时钟同步。

（2）起始符。起始符为 10101011，用于标识一帧的开始。

（3）目的 MAC 地址。目的 MAC 地址共 48 位，用于指明接收节点：最高位为 "0" 时表示唯一地址或单播地址；最高位为 "1" 时表示组地址或组播地址；全 "1" 时为广播地址。

（4）源 MAC 地址。源 MAC 地址也是 48 位，用于指明发送节点。

（5）长度。长度字段用于指明数据段中的字节数，其值为 0～1 500。

（6）类型。类型字段用于指明帧中数据的协议类型。

（7）数据。数据字段是用户要发送的数据。0 字节数据是合法的，但这会引起麻烦。

（8）PAD。PAD 字段用于数据填充。当用户数据不足 46 个字节时，要求将用户数据凑足 46 个字节，以保证 IEEE 802.3 的帧长度不小于 64 个字节。

IEEE 802.3 的最大帧长度是 1 518 个字节。为应用方便，一般不限制最大帧长度。理论分析与实际测量结果都表明，数据帧越长，网络的有效利用率就越高。然而帧长度还受另外两个因素限制：一是网络平均响应时间；二是缓冲区的大小。

（9）CRC 校验码。CRC 校验码占 32 位，其生成多项式为

$$G(X)=X^{32}+X^{26}+X^{23}+X^{22}+X^{16}+X^{11}+X^{10}+X^8+X^7+X^5+X^4+X^2+X+1。$$

CRC 校验码的校验范围包括目的 MAC 地址、源 MAC 地址、长度、数据和 PAD，它为接收节点提供判断是否传输错误的信息：如果发现错误，则丢弃此帧。

3. 以太网的物理层规范

IEEE 802.3 委员会在定义可选的物理配置方面表现了极大的多样性和灵活性。为了区分各种可选用的实现方案，该委员会给出了一种简明的表示方法：

以太网物理层规范

<数据传输率（Mbps）> <信号方式> <最大段长度（百米）>

如 10Base5、10Base2。但 10Base-T 有些例外，其中的 T 表示双绞线。

传统以太网的数据传输速率只有 10 Mbps，其物理层规范如表 5-1 所示。

表 5-1 传统以太网的物理层规范

名 称	介质类型	最大传输距离	工作站数目	特 点
10Base5	粗同轴电缆	500 m	100	适合主干网络
10Base2	细同轴电缆	185 m	30	适合低廉的网络
10Base-T	双绞线	100 m	2	易于安装和维护
10Base-F	光纤	2 000 m	2	适合连接远程工作站

1）10Base5

10Base5 是以太网的最初形式，数字信号采用曼彻斯特编码，传输介质为直径 10 mm、阻抗为 50 欧姆的粗同轴电缆。电缆的最大长度为 500 m，超过 500 m 可用中继器扩展。任意两个节点之间最多允许有 4 个中继器，因此网络的直径最大为 2 500 m。

2）10Base2

与 10Base5 一样，10Base2 也使用 50 欧姆同轴电缆和曼彻斯特编码。两者的区别在于 10Base5 使用粗同轴电缆，而 10Base2 使用细同轴电缆。10Base2 在不使用中继器时，电缆的最大长度为 185 m。与 10Base5 相比，10Base2 的成本和安装的复杂性大大降低。

3）10Base-T

10Base-T 定义了一个物理上的星型网络，其中央节点是一个集线器，每个节点通过一对双绞线与集线器相连。集线器的作用类似于转发器，它接收来自一条线路上的信号并向其他所有的线路转发。由于任意一个节点发出的信号都能被其他所有节点接收，若有两个节点同时要求传输数据，冲突就必然发生。所以，尽管这种策略在物理上是星型结构，但从逻辑上看与 CSMA/CD 总线拓扑的功能是一样的。

10Base-T 在安装、管理、性能和成本等方面具有很大的优越性，因此得到了广泛的应用。10Base-T 与 10Base5、10Base2 兼容，网络操作系统不需要进行任何改变。另外，千兆以太网技术也是在 10Base-T 的基础上建立起来的。

4）10Base-F

10Base-F 是 IEEE 802.3 中关于以光纤作为媒体的系统规范。该规范中，每条传输线路均使用一条光纤，每条光纤采用曼彻斯特编码传输一个方向上的信号。每一位数据经编码后，转换为一对光信号（有光表示高、无光表示低），因此一个 10 Mbps 的数据流实际上需要 20 Mbps 的信号流。

5.3.2 交换式以太网

随着远程教育、在线会议等多媒体应用的不断发展，人们对网络带宽的要求越来越高，传统的共享式局域网（传统以太网、令牌环网）已越来越不能满足人们的要求。在这种情况下，人们提出了将共享式局域网改为交换式局域网，这就导致了交换式以太网的产生。

交换式以太网是指以数据链路层的帧或更小的数据单元（信元）为数据交换单位，以交换设备为基础构成的网络。交换式以太网中的交换设备一般是指交换机。因此，也可以说交换式以太网就是以交换机为核心设备而建立起来的网络。

1. 交换式以太网的基本结构

典型的交换式以太网的结构如图 5-9 所示，其核心设备是以太网交换机（ethernet switch）。以太网交换机有多个端口，每个端口可以单独与一个节点连接，也可以与一个共享式以太网的集线器连接。如果一个端口只连接一个节点，那么这个节点就可以独占 10 Mbps 的带宽，这类端口通常称为"专用 10 Mbps 端口"。如果一个端口连接一个 10 Mbps 的共享式以太网，那么这个端口将被这个共享式以太网的多个节点所共享，这类端口称为"共享 10 Mbps 端口"。

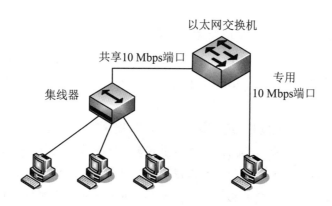

图 5-9 交换式以太网结构

交换式以太网从根本上改变了"共享介质"的工作方式，它可以通过支持交换机端口节点之间的多个并发连接，实现多个节点之间数据的并发传输。因此，在交换机各端口之间，帧的转发已不再受 CSMA/CD 的约束。既然如此，其系统带宽也不再是固定不变的 10 Mbps 或 100 Mbps，而是各个交换机端口的带宽之和。因此，在交换式网络中，随着用户的增多，系统带宽会不断拓宽，即使是在网络负载较重的情况下，也不会导致网络性能下降。

2. 交换式以太网的特点

交换式以太网主要有以下几个特点。

（1）允许多对节点同时通信，每个节点独占传输通道和带宽。交换式以太网把"共享"变为"独享"。交换式以太网以交换机为核心设备连接节点或网段，在交换机各端口之间同时可以建立多条通信链路（虚连接），允许多对节点同时通信，每对节点都可以独享一条数据通道和带宽进行数据帧交换。

（2）灵活的接口速率。在共享式网络中，不能在同一个局域网中连接不同速率的节点，如 10Base5 不能连接速率为 100 Mbps 的节点。而在交换式以太网中，由于节点独享介质和带宽，用户可以按需配置端口速率。在一台交换机上可以配置 10 Mbps、100 Mbps、10 Mbps/100 Mbps 自适应、1 Gbps 和 10 Gbps 不同速率的端口，用于连接不同速率的节点，因此接口速率的配置有极大的灵活性。

（3）具有高度的网络可扩充性和延展性。大容量交换机有很高的网络扩展能力，而独享带宽的特性使扩展网络没有带宽下降的后顾之忧。因此，交换式网络可用于构建大规模的网络，如大型企业网、校园网或城域网。

（4）易于管理，便于调整网络负载的分布，带宽利用率高。交换式以太网可以构造"虚拟网络"，使用网管软件可以按业务或其他规则把网络节点分为若干个逻辑工作组，每一个工作组就是一个虚拟网。虚拟网的构成与节点所在的物理位置无关。这样可以方便地调整网络负载的分布，提高带宽利用率和网络的可管理性及安全性。

（5）与现有网络兼容。交换式以太网与传统以太网、快速以太网完全兼容，它们能够实现无缝连接。

3. 以太网交换机

以太网交换机（ethernet switch）有两个主要功能，一是在发送节点和接收节点之间建立一条虚连接，二是转发数据帧。

1）以太网交换机的工作原理

以太网交换机的具体操作是分析每个接收到的帧，根据帧中的目的 MAC 地址，通过查询一个由交换机建立和维护的、表示 MAC 地址与交换机端口对应关系的地址映射表，决定将帧转发到交换机的哪个端口，然后在两个端口之间建立一个连接，提供一条传输通道，将帧转发到目的节点所在的端口，完成数据帧的交换。

以太网交换机
的工作原理

以图 5-10 为例介绍以太网交换机数据帧的交换过程。可以看到，交换机有 6 个端口，其中端口 1、4、5、6 分别连接了节点 A、节点 B（节点 E）、节点 C 与节点 D。交换机地址映射表根据以上端口号与节点 MAC 地址建立对应关系。

例如，节点 A 要向节点 C 发送数据帧，那么该帧中目的地址 DA=节点 C 的 MAC 地址。当节点 A 通过交换机传送数据帧时，交换机的交换控制中心根据"端口号/MAC 地址映射表"的对应关系找出对应帧目的地址的输出端口号（端口 5），就可以为节点 A 到节点 C 建立端口 1 到端口 5 的连接。这种端口之间的连接可以根据需要同时建立多条，也就是说可以在多个端口之间建立多个并发连接。

如果交换机端口 4 连接一个集线器，节点 B 与节点 E 连接在集线器上，属于同一个子网，那么端口 4 就是一个共享端口。如果节点 B 要向节点 E 发送数据帧，根据"端口号/MAC 地址映射表"，交换机发现节点 B 与节点 E 属于同一个端口，那么交换机在接收到该数据帧时，不进行转发，而是丢弃该帧。交换机可以隔离本地信息，从而避免了网络上不必要的数据流动。

如果节点 A 需要向节点 F 发送数据帧，那么在检索地址映射表会发现不存在相关的表项。在这种情况下，为了保证数据能够到达正确的目的节点，交换机将向除端口 1 之外的所有端口转发信息。当节点 F 发送应答帧或发送数据帧时，交换机就可以很方便地获得节点 F 与交换机端口的对应关系，并将得到的信息存储到地址映射表中。

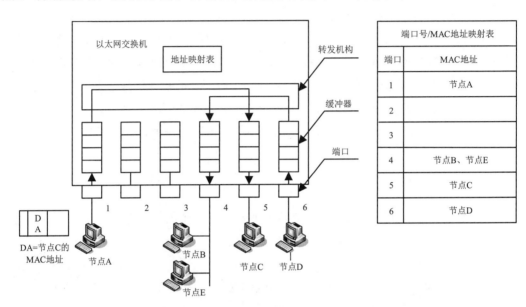

图 5-10　以太网交换机结构与交换过程示意图

2）以太网交换机的帧转发方式

现在的以太网交换机采用的动态交换方式，是指交换机可以根据目的 MAC 地址，查询含有 MAC 地址与交换机端口对应关系的地址映射表，自动建立和断开输入、输出端口之间的连接通道。常用的动态交换方式主要有直通交换方式和存储转发交换方式。

以太网交换机的
帧转发方式

（1）直通交换方式。

直通交换方式允许交换机在检查到数据帧中的目的地址时就开始转发数据帧。目的地址在数据帧中只占用 6 个字节，交换机只需要接收到前 6 个字节后就可以开始转发数据帧，所以直通交换方式的延迟很小。

虽然直通交换方式的延迟较小，但是直通交换方式无法像存储转发方式那样在转发数据帧之前对其进行错误校验。因此，错误的数据帧依然会通过交换机转发到目的节点，在目的节点进行校验以后，由目的节点丢弃该数据帧并要求重传。

（2）存储转发交换方式。

当交换机使用存储转发交换方式时，在转发数据帧之前必须接收整个数据帧，因此这种方式的延迟较大。交换机接收到完整的数据帧以后，检查其源地址和目的地址，并对整个数据帧进行循环冗余校验。如果没有发现错误，则转发这个数据帧；如果发现错误，将丢弃该数据帧。

随着交换机处理器速度的提升，在高性能的网络中，交换机接收和处理数据帧的延迟变得越来越小，直通交换方式的优势也变得越来越小，存储转发交换方式的优势越来越明显。

大部分交换机可以同时支持直通交换和存储转发两种工作方式，此时自适应直通式的工作方式将被激活。在这种交换机中，默认的工作方式是直通交换方式。当交换机转发数据帧时，它开始用直通交换方式转发数据帧，同时监听所转发的数据帧，并设置一个计数器，如果发现一个错误数据帧，计数器就自动加 1。当计数器的值达到某一限制值时，交换机将工作方式自动切换到存储转发交换方式，以保证不让错误的数据帧浪费带宽。这种工作方式结合了存储转发交换方式和直通交换方式的优点，在网络状况好的时候能够有效地保证低延迟转发。

5.4 快速网络技术

目前，提供高速传输的局域网有快速以太网、千兆以太网、万兆以太网和 ATM 网络，它们都能实现 100 Mbps 以上的传输速率，是提高网络传输速率的有效途径。

5.4.1 快速以太网

1. 快速以太网的发展

随着局域网应用的深入，人们对局域网提出了更高的要求。正是在这种环境下，1992 年 IEEE 重新召集了 802.3 委员会，指示制定一个快速的局域网协议。但在 IEEE 内部出现了两种截然不同的观点。

（1）一种观点是建议重新设计 MAC 协议和物理层协议，使用一种"请求优先级"的介质访问控制策略。它采用一种具有优先级、集中控制的介质访问控制方法，所以比我们熟悉的 CSMA/CD 控制方法更适合多媒体信息的传输。支持这种观点的人组成自己的委员会，建立了他们自己的局域网标准，即 IEEE 802.12。但由于它不兼容传统以太网，所以后来的发展不大。

（2）另一种观点则建议保留原来以太网的 CSMA/CD 协议及帧格式，同时为了节省时间，在物理层没有重新设计新协议，而是"嫁接"了 FDDI（光纤分布式数据接口）物理层协议。后来为了兼容传统以太网的布线系统，又设计了可以使用 3 类非屏蔽双绞线的物理层协议。

802.3 委员会之所以决定保持 IEEE 802.3 标准原状，主要考虑到以下 3 个原因：① 与现存成千上万个以太网相兼容；② 担心制定新的协议可能会出现不可预见的困难；③ 不需要引入更多新技术便可完成这项工作。制定协议的工作进展非常顺利，1995 年 6 月，IEEE 正式采纳了快速以太网（fast ethernet）标准，并将其命名为 802.3u。

快速以太网是一类新型的局域网，其名称中的"快速"是指网络的数据传输速率可以达到 100 Mbps，是传统以太网的十倍。快速以太网的基本思想是：保留 IEEE 802.3 的帧格式和 CSMA/CD 协议，只是将数据传输速率从 10 Mbps 提高到 100 Mbps，相应的位时（位的传输延迟时间）从 100 ns 减小到 10 ns。从技术上讲，快速以太网可以完全照搬原来的 10Base5 和 10Base2，只将最大传输距离减小到原来的 1/10 并仍能检测到冲突。

2. 快速以太网的物理层规范

快速以太网标准支持 3 种不同的物理层规范，分别是 100Base-TX、100Base-T4 和 100Base-FX，如表 5-2 所示。

表 5-2　快速以太网的物理层规范

名　　称	支持全双工	介质类型	介质数量	最大传输距离	接口类型
100Base-TX	是	5 类 UTP/1 类 STP	2 对双绞线	100 m	RJ-45 或 DB9
100Base-T4	否	3 类 UTP	4 对双绞线	100 m	RJ-45
100Base-FX	是	多模/单模光纤	1 对光纤	200 m，2 km	MIC、ST、SC

1）100Base-TX

100Base-TX 需要 2 对高质量的双绞线：一对用于发送数据，另一对用于接收数据。这 2 对双绞线既可以是 5 类非屏蔽双绞线（UTP），也可以是 1 类屏蔽双绞线（STP）。100Base-TX 节点与集线器的最大距离不超过 100 m。

2）100Base-T4

100Base-T4 需要 4 对 3 类双绞线：3 对用于传输数据，1 对用于冲突检测。将 100 Mbps 的数据信号分配到 3 对双绞线进行传输，可以降低网络对介质的要求。100Base-T4 节点与集线器的最大距离也不超过 100 m。

一般把 100Base-TX 和 100Base-T4 统称为 100Base-T。

3）100Base-FX

100Base-FX 使用内径为 62.5 μm、外径为 125 μm 的多模光缆。光缆仅需一对光纤：一条用于发送数据，一条用于接收数据。100Base-FX 节点与服务器的最大距离为 200 m，而使用单模光纤时可达到 2 km。100Base-FX 主要用于高速局域网的主干网。

3. 快速以太网的集线器

快速以太网集线器的工作方式类似于以太网集线器。它的所有端口也构成一个冲突域，在某一时刻只有一个节点可以发送数据。快速以太网支持 Class I 和 Class II 两种类型的集线器。

知识库

> 冲突域是指连接到同一物理介质上的一组设备，若同时使用这一介质发送数据或接收数据时，传输信号就会造成冲突。这组设备就构成一个冲突域。

（1）Class Ⅰ 集线器延时比较大，该种类型的集线器首先将收到的电信号转换为数字信号，经过放大处理再将数字信号转换为电信号发往其他端口。Class Ⅰ 集线器支持各种介质类型的端口，但一个冲突域只能配置一个 Class Ⅰ 集线器。

（2）Class Ⅱ 集线器的延时比 Class Ⅰ 集线器小，它可直接转发电信号。Class Ⅱ 集线器只能支持 100Base-T 类型的端口，一个冲突域只能配置两个 Class Ⅱ 集线器。

快速以太网也可以使用交换式集线器，即快速以太网交换机，它的工作原理类似于以太网交换机，在此不再赘述。值得注意的是，所有的快速以太网交换机均可同时支持 10 Mbps 和 100 Mbps 的端口。这是由于交换机内一般都有缓冲存储器，可以在不同速率的端口之间进行速率匹配。

5.4.2　千兆以太网

千兆以太网是以太网标准 IEEE 802.3 的扩展，为 802.3z，其数据传输速率为 1 000 Mbps（即 1 Gbps），因此也称为吉比特以太网。千兆以太网基本保留了传统以太网 MAC 子层的 CSMA/CD 协议，但它对 CSMA/CD 协议进行了一些改动，增加了一些新的特性。为节省标准制定时间，千兆以太网的物理层没有重新设计新协议，而是"嫁接"了光纤通道（fiber channel，FC）的物理层协议。

1. 千兆以太网的物理层规范

千兆以太网支持 4 种物理层规范，如表 5-3 所示。

表 5-3　千兆以太网的物理层规范

名　　称	介质类型	光纤直径（μm）	最大传输距离
1000Base-CX	STP	—	25 m
1000Base-T	5 类、超 5 类、6 类或 7 类 UTP	—	100 m
1000Base-SX	多模光纤	62.5，50	275 m，550 m
1000Base-LX	多模光纤，单模光纤	62.5、50，9	250 m、850 m，3 km

2. 千兆以太网的新技术

千兆以太网对上层用户的要求依旧是最小帧长度为 64 个字节，最大帧长度为 1 518 个字节，以便与传统以太网和快速以太网兼容。为了在两个相距 200 m 的节点之间传输数据的同时能够检测到冲突，保证网络稳定可靠地运行，千兆以太网引入了载波扩展（carrier extension）和分组猝发（packet burst）传输技术。

所谓载波扩展就是适当增加帧的长度，即千兆以太网对最小帧长度要求仍然为 64 个字节，但实际传输的最小帧长度为 512 个字节，以保证在数据发送期间节点能够检测到冲突并采取相应的措施。但是载波扩展耗费了大量的带宽，为了弥补载波扩展的不足，又引入分组猝发传输技术，该技术可让载波扩展只能用于猝发数据帧的第 1 帧。单帧猝发限制在 3 000 个字节左右，以防止某个节点占据整个网络带宽。采用这两种技术就可以把千兆以太网的冲突检测域扩展到 200 m，且在传送大的数据帧时网络利用率可达 90%。

3. 千兆以太网的优点和应用

与快速以太网相比，千兆以太网有其明显的优点。千兆以太网的数据传输速率是快速以太网的 10 倍，但其价格只是快速以太网的 2 倍～3 倍。而且传统以太网和快速以太网可以平滑地过渡到千兆以太网，并不需要掌握新的配置、管理与故障排除技术。千兆以太网同样支持半双工和全双工两种工作方式。

千兆以太网可以将现有的传统以太网和快速以太网通过 1 000 Mbps 的链路与千兆以太网交换机相连，从而组成更大容量的主干网，这种主干网可以支持大量的交换式以太网和共享式以太网。千兆以太网虽然在数据、语音、视频等实时业务方面还不能提供真正意义上的服务质量，但千兆以太网的高带宽能克服传统以太网的一些弱点，提供更高的服务性能。

千兆以太网最通用的组建办法是采用三层设计：最下面一层由 10 Mbps 传统以太网交换机和 100 Mbps 上行链路组成；第二层由 100 Mbps 以太网交换机和 1 000 Mbps 上行链路组成；最高层由千兆以太网交换机组成，如图 5-11 所示。在这种结构中，交换机由下到上逐步提高干线传输速率。这种设计一般是由低廉的交换机完成 10 Mbps 工作站的连接，而昂贵的大容量交换机只用在最高层。

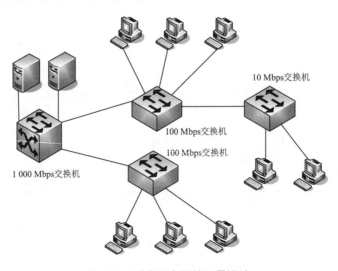

图 5-11　千兆以太网的三层设计

5.4.3　万兆以太网

在以太网技术中，快速以太网是一个里程碑，确立了以太网技术在局域网的统治地位。随后出现的千兆以太网更是加快了以太网的发展。然而以太网主要是在局域网中占绝对优势，在很长的一段时间中，由于带宽和传输距离等原因，人们普遍认为以太网不能用于城域网。

1999 年年底成立的 IEEE 802.3ae 工作组进行了万兆以太网技术的研究，并于 2002 年正式发布 IEEE 802.3ae 万兆以太网标准，标准中发布的基于光纤的规范包括 10GBase-SR、10GBase-LR、10GBase-ER、10GBase-LX4、10GBase-SW、10GBase-LW、10GBase-EW；2004 年在 IEEE 802.3ak 标准中发布基于双绞线的 10GBase-CX4 规范；2006 年在 IEEE 802.3an 标准中发布基于双绞线（铜线）的 10GBase-T 规范；2006 年在 IEEE 802.3aq 标准中发布基于光纤的 10GBase-LRM 规范；2007 年在 IEEE 802.3ap 标准中发布基于铜线的 10GBase-KR 和 10GBase-KX4 规范。除此之外，还有一些不是由 IEEE 发布的万兆以太网规范，如 Cisco 的 10GBase-ZR 和 10GBase-ZW 规范。万兆以太网不仅再度扩展了以太网的带宽和传输距离，更重要的是使得以太网从局域网领域向城域网领域渗透。

以上这 10 多种万兆以太网规范可以分为三类：一是基于光纤的局域网万兆以太网规范，二是基于双绞线（或铜线）的局域网万兆以太网规范，三是基于光纤的广域网万兆以太网规范，如表 5-4 所示。

表 5-4　万兆以太网规范

名　称	介质类型	最大传输距离	分　类
10GBase-SR	850 nm 多模光纤，50 μm 的 OM3 光纤	300 m	基于光纤的局域网万兆以太网规范
10GBase-LR	1 310 nm 单模光纤	10 km	
10GBase-LRM	62.5 μm 的多模光纤，OM3 光纤	260 m	
10GBase-ER	1 550 nm 单模光纤	40 km	
10GBase-ZR	1 550 nm 单模光纤	80 km	
10GBase-LX4	1 300 nm 单模光纤或多模光纤	300 m（多模光纤） 10 km（单模光纤）	
10GBase-CX4	屏蔽双绞线	15 m	基于双绞线（或铜线）的局域网万兆以太网规范
10GBase-T	6 类、6a 类双绞线	55 m（6 类双绞线） 100 m（6a 类双绞线）	
10GBase-KX4	铜线（并行接口）	1 m	
10GBase-KR	铜线（串行接口）	1 m	

表 5-4（续）

名　　称	介质类型	最大传输距离	分　　类
10GBase-SW	850 nm 多模光纤，50 μm 的 OM3 光纤	300 m	基于光纤的广域网万兆以太网规范
10GBase-LW	1 310 nm 单模光纤	10 km	
10GBase-EW	1 550 nm 单模光纤	40 km	
10GBase-ZW	1 550 nm 单模光纤	80 km	

5.5 虚拟局域网技术

虚拟局域网（virtual local area network，VLAN）是指在交换式局域网的基础上，采用网络管理软件构建的可跨越不同网段、不同网络的端到端的逻辑网络。一个 VLAN 组成一个逻辑子网，即一个逻辑广播域，允许处于不同地理位置的网络用户加入同一个逻辑子网中。同时，在同一台交换机上也可以划分多个 VLAN。

 知识库

广播域是指彼此可以接收广播消息的一组设备。例如，在基于集线器的网络中，如果一个节点发出一个广播消息，连接在集线器上的所有节点都能接收到该广播消息，因此集线器的所有端口就组成了一个广播域。

一个 VLAN 是一个逻辑网段，这个逻辑网段和传统的物理网段的概念是有区别的。物理网段是指连接在同一个物理介质上的设备，而逻辑网段是指被配置为同一 VLAN 成员的设备，这些设备可能连接在不同的物理介质上。因此，VLAN 是对连接到二层交换机端口的网络用户的逻辑分段，它不受网络用户物理位置的限制。VLAN 可以根据网络用户的位置、作用、部门，甚至根据网络用户所使用的应用程序和协议来进行分组，如图 5-12 所示。

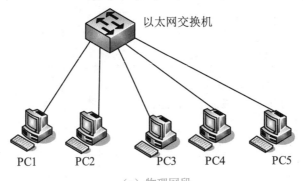

（a）物理网段

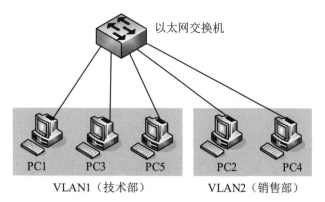

（b）逻辑网段

图 5-12 根据实际需要划分 VLAN

5.5.1 VLAN 的优点

VLAN 是为解决以太网的广播问题和安全性而提出的，使用 VLAN 有以下几个明显的优点。

1）控制网络的广播域

根据交换机的工作原理可以得知，当交换机不知道将一个数据帧从哪个端口转发出去时，会将该数据帧向其他所有端口发送，从而形成一个广播域，这样一方面会导致网络带宽的浪费，另一方面许多通过广播方式传播的病毒可能迅速在整个网络中传播。如果配置了 VLAN，则交换机只将该数据帧广播到属于该 VLAN 的其他端口，这样就将广播域限制在了一个 VLAN 内，从而提高了网络效率和安全性。

2）提高组网的灵活性

VLAN 可以在逻辑上实现终端设备的分组，即在不改变网络物理连接的情况下，根据部门职能或应用等，将不同地点、不同网络的终端设备划分到不同的逻辑网络中，从而大大提高了组网的灵活性，简化了网络管理的工作。

3）提高网络的安全性

默认情况下，VLAN 之间是不能直接通信的，这样就提高了网络的安全性。例如，对于有较高安全性要求的终端设备，可以将其划分为一个 VLAN，从而确保了该 VLAN 中的信息不被其他 VLAN 中的用户轻易窃取。

> **提示** 如果一个 VLAN 内的主机想访问另一个 VLAN 内的主机，必须通过一个三层设备实现，如路由器或三层交换机，具体操作我们会在后面讲解。

5.5.2　VLAN 的实现方式

VLAN 的实现方式有多种，比较常见的方式有基于端口、基于 MAC 地址、基于网络层、基于 IP 组播和基于策略 5 种。

1）基于端口的 VLAN

基于端口的 VLAN 是划分网络最简单、最有效和最常用的方法。它将交换机端口在逻辑上划分为不同的分组，从而将端口连接的终端设备划分到不同的 VLAN 中。例如，将一台 24 口交换机的 1~6 端口划给 VLAN10，7~12 端口划给 VLAN40，13~18 端口划给 VLAN20，19~24 端口划给 VLAN30，如图 5-13 所示。当然，这些属于同一 VLAN 的端口号可以是不连续的，具体如何分配由管理员根据需要来决定。

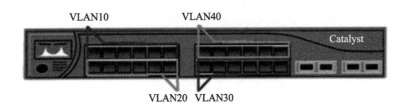

图 5-13　将交换机端口划分为多个 VLAN

使用该方法划分网络时，一旦交换机的端口配置完成，端口属于哪个 VLAN 就固定不变了，不用考虑其所连接的终端设备的类型，因此使用该方法创建的 VLAN 也称为静态 VLAN。在静态 VLAN 中，每个端口只负责传输自己所属 VLAN 的数据。

这种划分方法的优点是：定义 VLAN 成员时非常简单，只需要将相应的端口划分给所属的 VLAN 即可。它的缺点是：如果某个用户离开了原来的交换机端口，连接到了一台新的交换机的某个端口，那么就必须重新配置。

2）基于 MAC 地址的 VLAN

基于 MAC 地址的 VLAN 按照终端设备的 MAC 地址来划分网络，即将不同 MAC 地址的终端设备划分到指定的 VLAN 中。基于 MAC 地址的 VLAN 也称为动态 VLAN。

在这种实现方式中，必须先建立一个较复杂的数据库，数据库中包含了要连接的网络设备的 MAC 地址及相应的 VLAN 号。这样当网络设备接到交换机端口时，交换机会自动把这个网络设备分配给相应的 VLAN。

动态 VLAN 最大的优点是：网络管理员只需维护、管理相应的数据库，而不用关心用户使用哪一个端口，当用户物理位置移动时（如从一台交换机换到另一台交换机），VLAN 不用重新配置，所以可以认为这种基于 MAC 地址的 VLAN 是基于用户的 VLAN。

动态 VLAN 的缺点是：在初始化时，必须对所有的用户进行配置，如果有几百个甚至上千个用户的话，那么配置的工作量是非常大的。而且这种划分方法也导致了交换机执行效率的降低，因为在每一个交换机的端口都可能存在很多个 VLAN 的成员，这样就无法限制广播包。另外，对于使用笔记本电脑的用户来说，他们的网卡可能经常更换，这种情况下，VLAN 就必须不停地进行配置。

3）基于网络层的 VLAN

基于网络层的 VLAN 根据终端设备的网络层地址或者上层运行的协议来划分网络。在该方式下，交换机虽然会查看每个数据报的 IP 地址或协议，并根据 IP 地址或协议决定该数据报属于哪个 VLAN，但并不进行路由，只进行二层转发。

基于网络层的 VLAN 会耗费交换机的资源和时间，导致网络的通信速度下降。

4）基于 IP 组播的 VLAN

基于 IP 组播的 VLAN 将 VLAN 扩大到了广域网，它认为一个组播网就是一个 VLAN。这种方法灵活性强，而且容易通过路由器进行扩展，缺点是效率较低，不适合局域网。

5）基于策略的 VLAN

基于策略的 VLAN 包含多种 VLAN 实现方式，如基于交换机端口、基于 MAC 地址、基于 IP 地址等，网络管理人员可以根据实际管理需要选择其中的一种或多种方式。

5.5.3　VLAN 间的通信

在实际应用中，只在一台交换机上实现 VLAN 是远远不够的。例如，想要构建一个小型管理网络，将分布在各个部门的部门主管计算机划分到同一 VLAN 中，就需要跨多台交换机划分 VLAN，如图 5-14 所示。

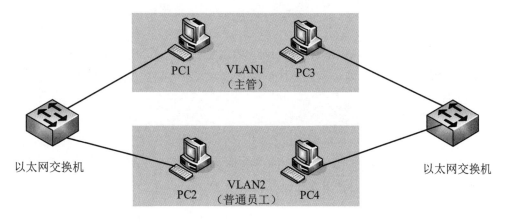

图 5-14　跨交换机划分 VLAN

当属于同一 VLAN 的成员分布在不同交换机的端口上时，需要进行一定的配置才能实现彼此间的通信。IEEE 组织于 1999 年颁布了 IEEE 802.1q 协议草案，定义了跨交换机实现 VLAN 内部成员间的通信方法：让交换机之间的互连链路汇集到一条链路上，该链路允许各个 VLAN 的数据通过，如图 5-15 所示。这条链路称为交换机的主干链路或中继链路。

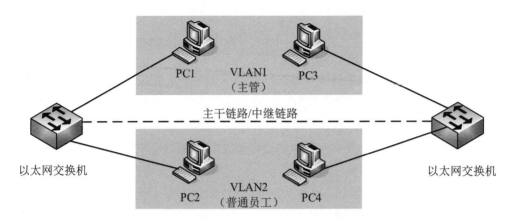

图 5-15　跨交换机 VLAN 内部成员间的通信方法

IEEE 802.1q 标准的核心是在交换机上定义了两种类型的端口：Access 访问端口和 Trunk 干道端口。Access 端口一般用于接入计算机等终端设备，只属于一个 VLAN；Trunk 干道端口一般用于交换机之间的连接，属于多个 VLAN，可以传输所有 VLAN 之间的数据，实现跨交换机上同一 VLAN 成员间的通信。

这种方法不仅解决了跨交换机的 VLAN 成员间的通信问题，也避免了对交换机端口的额外占用。此外，IEEE 802.1q 标准还提高了网络段间的安全性。

5.6　无线局域网技术

无线局域网（wireless local area network，WLAN）是采用无线传输介质的局域网，它是有线局域网的一种延伸，能快速方便地解决有线方式不容易实现的网络连通问题。

5.6.1　无线局域网标准

WLAN 使用的协议标准是 IEEE 802.11 系列标准，它定义了 WLAN 所使用的无线频段及调制方式。下面介绍其中几种主要的标准。

1）IEEE 802.11

IEEE 802.11 标准于 1997 年 6 月公布，是第一代无线局域网标准。它工作在 2.4 GHz 开放频段，支持 1 Mbps 和 2 Mbps 的数据传输速率。

2）IEEE 802.11a

IEEE 802.11a 扩充了标准的物理层，工作在 5 GHz 频段，其数据传输速率高达 54 Mbps，传输距离为 10 m～100 m。

3）IEEE 802.11b

1999 年 9 月通过的 IEEE 802.11b 工作在 2.4 GHz 频段，数据传输速率可以为 11 Mbps、5.5 Mbps、2 Mbps、1 Mbps 或更低，且可以根据噪声状况自动调整速率。

4）IEEE 802.11g

为了解决 IEEE 802.11a 与 IEEE 802.11b 的产品因为频段与物理层调制方式不同而无法兼容的问题，IEEE 批准了新的 802.11g 标准。IEEE 802.11g 既适应传统的 802.11b 标准，在 2.4 GHz 频段下提供 11 Mbps 的传输速率；也符合 802.11a 标准，在 5 GHz 频段下提供 54 Mbps 的传输速率。IEEE 802.11g 标准已普遍应用。

5）IEEE 802.11n

IEEE 802.11n 采用 MIMO（多入多出，多重天线进行同步传送）与 OFDM（正交频分复用）技术，提高了无线传输质量，也使传输速率得到极大提升。802.11n 可以将 WLAN 的数据传输速率由目前 802.11a 及 802.11g 提供的 54 Mbps，提高到理论速率，最高可达 600 Mbps。802.11n 还具有覆盖范围广，兼容性好，可工作在 2.4 GHz 和 5 GHz 两个频段，支持向前后兼容，并可以实现 WLAN 与无线广域网的结合等特点。

5.6.2　无线局域网的产品和组件

无线局域网主要由计算机、无线网卡、无线传输介质、无线接入点和无线路由器等组成。

1. 无线网卡

无线网卡是无线信号的接收设备，是无线网络中的重要组成部分。常见的无线网卡有 PCMCIA 无线网卡、PCI 接口无线网卡和 USB 接口无线网卡 3 类。

◆ PCMCIA 无线网卡：仅适用于笔记本电脑，支持热插拔，如图 5-16 所示。

◆ PCI 接口无线网卡：适用于具有 PCI 接口的台式电脑，如图 5-17 所示。

◆ USB 接口无线网卡：适用于具有 USB 接口的笔记本电脑和台式电脑，支持热插拔，如图 5-18 所示。

图 5-16　PCMCIA 无线网卡　　　图 5-17　PCI 接口无线网卡　　　图 5-18　USB 接口无线网卡

2. 无线接入点

无线接入点（access point，AP）（见图 5-19）是有线局域网与无线局域网的桥梁，用于 IEEE 802.11 系列无线网络设备组网或接入有线局域网。

无线 AP 主要分为普通 AP 和路由 AP 两种。普通 AP 仅提供一个无线信号发射的功能；路由 AP 除了可以发射无线信号，还可以为 ADSL 等宽带上网方式提供自动拨号功能。

3. 无线路由器

常见的无线路由器（见图 5-20）包含了一个广域网端口，可以用于 ASDL 接入、有线或无线网络连接等，允许企业、办公室或家庭中多台计算机共享 1 条 ADSL 线路，通过一个公共的 ISP 账户接入互联网。

图 5-19　华为无线 AP　　　　　　　图 5-20　TP-LINK 无线路由器

无线路由器一般内置多个交换端口，可以用有线方式直接连接多台计算机。另外，无线路由器还包括了 DHCP 服务器、虚拟服务器、DMZ 主机（非军事区主机，用于内外网隔离）、静态路由表、端口映射等网络服务功能，通过 Web 配置界面进行管理。

5.6.3　无线局域网的组网方式

在无线局域网组网时，一般有两种方式可供选择，分别为无中心分布对等方式（ad-hoc）和有中心的集中控制方式（infrastructure wireless）。另外，还有一种混合方式的无线局域网组网方式在特殊场合使用。

1. 无中心分布对等方式

对等网络用于一台无线工作站和另一台或多台无线工作站的直接通信，它覆盖的服务区称为独立基本服务区。对等网络中的一个节点必须能侦测到网络中的其他节点，否则它就会认为网络是不可用的。对于无中心分布对等方式的无线局域网，只能界定为一种非正式的临时组建的网络。它可以用于几个移动设备之间互相拷贝文件，或者在小型会议时临时组建的一个局域网，数据传输结束后又可以迅速撤销这个网络。

图 5-21 为一个简单的无中心分布对等方式的无线局域网，圆圈代表以每台工作站无线

网卡为中心的信号覆盖区域，工作站 A 和工作站 C 之间的信号不能相互到达，工作站 B 的信号同时覆盖了工作站 A 和工作站 C。当工作站 A 需要与工作站 C 通信时，工作站 B 就充当了中继器，促成工作站 A 与工作站 C 的通信。可以看出，这种网络中的成员互相依赖，一旦工作站 B 关闭，工作站 A 和工作站 C 就成了"网络孤岛"。

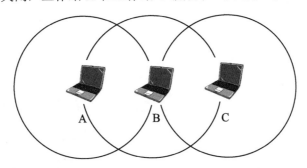

图 5-21　无中心分布对等方式无线局域网

无中心分布对等方式的应用范围非常有限，实际应用中很少采用这种组网方式。如果工作站分布位置比较分散，就更不适合使用这种方式来组网了。

2. 有中心的集中控制方式

有中心的集中控制方式无线局域网的英文原译名为结构化无线局域网。在集中控制方式情况下，无线局域网中设置一个中心控制站，称为"接入点"（AP），如图 5-22 所示。集中控制方式网络要求所有无线网卡通过 AP 接入局域网，因此可以把 AP 看作无线局域网的集线器，客户机之间传递信息必须通过 AP 才能完成。AP 主要完成对信道资源的分配、集中控制 MAC 等功能，使信道利用率大大提高，使无线局域网更易于管理，同时提升了网络安全性。

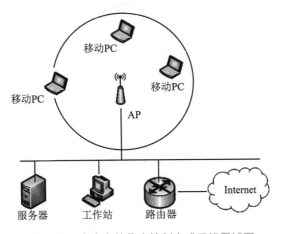

图 5-22　有中心的集中控制方式无线局域网

3. 混合方式

混合方式可以分为无线网桥方式和无线中继方式两类。无线网桥方式是利用一对 AP 连接两个有线或者无线局域网，这种方式需要 AP 支持无线网桥功能，并且具有较强的发射功率，如图 5-23 所示。

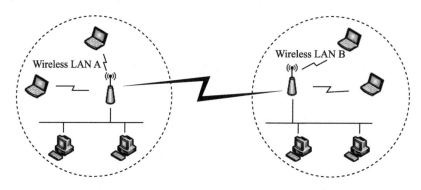

图 5-23　无线网桥方式

无线中继方式是在无线网桥的基础上增设无线中继器，从而延长网络之间的无线传输距离，如图 5-24 所示。这种方式适用于解决布线成本较高或传输距离较长的有线或无线局域网之间的通信问题。

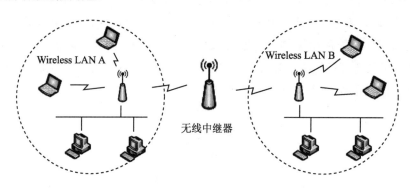

图 5-24　无线中继方式

5.6.4　无线局域网的问题

虽然无线局域网能快速、方便地解决有线方式不容易实现的网络连通问题，但它依然存在很多问题，具体包含以下几个方面。

（1）路径损耗。电磁波在穿过固体时强度会迅速减弱，即使在空气中传送，信号也会扩散，随着距离的增大，电磁波信号将急剧减弱，这种现象称为路径损耗（path loss）。

（2）信号抗干扰性差。实际应用中，无法避免自然环境中的电磁噪声（如电动机、微波等），也无法避免同一频段的电磁波相互干扰（如同一区域的无线设备之间形成干扰），这样就会导致无线网络通信的错误率高、稳定性欠佳。

（3）多路径传播问题。由于电磁波经过固体或地面反射后也能到达接收端，因此接收端可能通过不同长度的路径收到同一信号，造成收到的信号模糊。

（4）隐藏终端问题。在图 5-25 中，工作站 C 正在发送数据给工作站 B，但此时如果工作站 A 想向工作站 B 发送数据，在监听信道时会认为信道闲置，就会开始向工作站 B 发送数据，从而造成冲突。

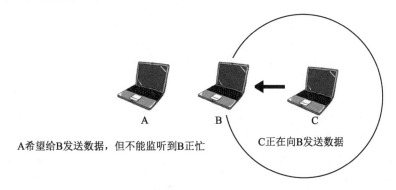

A希望给B发送数据，但不能监听到B正忙　　　　C正在向B发送数据

图 5-25　隐藏终端问题

（5）暴露终端问题。在图 5-26 中，工作站 A 正在向工作站 D 发送数据，此时如果工作站 B 希望向工作站 C 发送数据，那么工作站 B 在监听信道时会认为信道正忙，从而无法向工作站 C 发送数据。而事实上，工作站 C 此时正处于闲置状态。

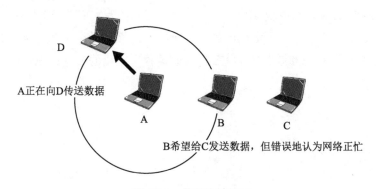

A正在向D传送数据

B希望给C发送数据，但错误地认为网络正忙

图 5-26　暴露终端问题

由于以上问题，无线局域网中的数据错误率会比有线网络中更加普遍。为了解决这些问题，IEEE 802.11 采用了具有冲突避免的载波侦听多路访问 CSMA/CA（carrier sense multiple access/collision avoidance）媒体访问机制，这种机制与以太网的 CSMA/CD 很相似，其不同之处在于两点：IEEE 802.11 采用 CSMA/CA 冲突避免而非冲突检测；IEEE 802.11 采用了链路层确认/重传（ARQ）机制。相关内容本书不再详细介绍，请读者参阅相关书籍。

拓展阅读

WAPI 成为无线局域网领域全球标准

当前全球无线局域网领域仅有的两个标准，分别是美国行业标准组织提出的 IEEE 802.11 系列标准和中国提出的 WAPI 标准。其中，WAPI 是我国首个在计算机宽带无线网络通信领域自主创新，并拥有知识产权的安全接入技术标准，并已由国际标准化组织 ISO/IEC 正式批准发布，也是中国在该领域唯一获得批准的协议。

与 Wi-Fi 的单向加密认证不同，WAPI 双向均认证，从而保证传输的安全性。WAPI 安全系统采用公钥密码技术，鉴权服务器 AS 负责证书的颁发、验证与吊销等，无线客户端与无线接入点 AP 上都安装有 AS 颁发的公钥证书作为自己的数字身份凭证。当无线客户端登录至无线接入点 AP 时，在访问网络之前必须通过鉴别服务器 AS 对双方进行身份验证。根据验证的结果，持有合法证书的移动终端才能接入持有合法证书的无线接入点 AP。

WAPI 在多个方面都首开了先河，它是中国第一个自主研发的网络安全协议技术、第一个包含自主技术的网络安全国家标准、迄今进入芯片和设备数量最多的中国技术、第一个向 WTO 通报的网络安全技术国家标准、第一个成为中美商贸联委会议题的中国技术。

随着 WAPI 的持续发展和推进，其产业链已颇具厚度，截至 2018 年 11 月，支持 WAPI 的无线局域网芯片已超过 400 款、全球累计出货量超过 110 亿颗，移动终端和网络侧设备等已超过 13 000 款。国内三大电信运营商建设的公共无线局域网络设备均具备 WAPI 能力，并已在电力、金融、教育等行业逐步推广。

习 题

1. 判断题

（1）以太网中存在冲突，而令牌环网中不存在冲突。 （   ）

（2）传统以太网的数据传输速率是 100 Mbps，快速以太网的数据传输速率是 1 000 Mbps。 （   ）

（3）局域网的体系结构由三层构成，分别是物理层、介质访问控制子层和逻辑链路控制子层。 （   ）

（4）局域网的介质访问控制方法 CSMA/CD 属于随机争用型方法。 （   ）

（5）虚拟局域网用软件方式来实现逻辑工作组的划分与管理，其成员可以用交换机端口号、MAC 地址或网络层地址进行定义。　　　　　　　　　　　　　（　　）

（6）IEEE 802.5 标准定义了 CSMA/CD 介质访问控制方法与物理层规范。　（　　）

（7）局域网技术中媒体访问控制方法主要有 CSMA/CD 介质访问控制、Token Ring 介质访问控制和 Token Bus 介质访问控制。　　　　　　　　　　　　　（　　）

（8）以太网交换机可以对通过的数据帧进行过滤。　　　　　　　　　　（　　）

（9）100Base-TX 需要 4 对高质量的双绞线：两对用于发送数据，另两对用于接收数据。　　　　　　　　　　　　　　　　　　　　　　　　　　　　　　　（　　）

（10）AP 是有线网络与无线网络的桥梁。　　　　　　　　　　　　　　（　　）

2. 选择题

（1）以太网采用的传输技术是（　　）。

    A．基带传输　　　　　　　　　　　　　　B．宽带传输

    C．频带传输　　　　　　　　　　　　　　D．信带传输

（2）局域网参考模型将数据链路层划分为 MAC 子层与（　　）子层。

    A．100Base-TX　　　B．PHD　　　　　C．LLC　　　　　D．ATM

（3）Ethernet 的核心技术是它的随机争用型介质访问控制方法，即（　　）。

    A．CSMA/CD　　　　B．Token Ring　　　C．Token bus　　　D．XML

（4）某一速率为 100 Mbps 的交换机有 20 个端口，则每个端口的传输速率为（　　）。

    A．100 Mbps　　　　B．10 Mbps　　　　C．5 Mbps　　　　D．2 000 Mbps

（5）令牌环网采用的介质访问控制方法是（　　）。

    A．Token Ring　　　B．Token Bus　　　C．CSMA/CD　　　D．IPX/SPX

（6）局域网中的 MAC 子层和 LLC 子层与 OSI 参考模型的（　　）相对应。

    A．物理层　　　　　B．数据链路层　　　C．网络层　　　　　D．传输层

（7）下列关于 VLAN 的说法中，不正确的是（　　）。

    A．VLAN 可以控制网络的广播域

    B．VLAN 可以提高网络的安全性

    C．VLAN 只有基于端口和基于 MAC 地址两种实现方式

    D．VLAN 可以提高组网的灵活性，简化网络管理工作

（8）无线局域网的通信标准主要采用（　　）。

    A．IEEE 802.2　　　　　　　　　　　　　B．IEEE 802.3

    C．IEEE 802.5　　　　　　　　　　　　　D．IEEE 802.11

（9）IEEE 802.11 标准工作在（　　）开放频段。

    A．2.0 GHz　　　　　B．2.4 GHz　　　　C．2.5 GHz　　　　D．5.0 GHz

（10）组建 Ad-Hoc 模式无线对等网络（　　）。

A．只需要无线网卡　　　　　　　　　B．需要无线网卡和无线 AP

C．需要无线网卡和交换机　　　　　　D．需要无线 AP 和相关软件

3．综合题

（1）简述局域网的特点和分类。

（2）1980 年 2 月，美国电气和电子工程师学会（IEEE）成立了 802 课题组，该小组为局域网制定了 IEEE 802 系列标准。后来，经国际标准化组织（ISO）讨论，确定将 IEEE 802 标准定为国际标准，现在局域网大都采用它。

① 按照 IEEE 802 标准，局域网体系结构分为哪几个部分？

② 局域网一般采用哪几种访问控制方法？它们一般采用什么拓扑结构？

（3）简述 CSMA/CD 的工作原理。

（4）与共享式以太网相比，交换式以太网有哪些特点？

（5）什么是虚拟局域网（VLAN）？使用 VLAN 有哪些优点？

（6）无线局域网（WLAN）组网有哪几种方式？各有什么特点？

第6章

网络互连技术

章首导读

随着计算机技术和通信技术的飞速发展，以及计算机网络的广泛应用，单一的网络环境已经不能满足社会对信息的需求，往往还需要将多个相同或不同类型的计算机网络相互连接在一起，组成规模更大、功能更强的网络，以实现更广泛的资源共享和信息交流。

本章主要介绍网络互连的概念、类型和基本要求，常用网络互连介质的特性和用途，常用网络互连设备的工作原理、特点和用途，以及常用的路由协议。

学习目标

☒ 理解网络互连的概念，掌握网络互连的类型和基本要求。

☒ 了解常用网络互连介质的特性和用途。

☒ 掌握各层次网络互连设备的工作原理、特点和用途。

☒ 掌握常用路由协议 RIP、OSPF、BGP 的工作原理和特点。

素质目标

☒ 养成良好的思维习惯，自觉培养创新意识和发展意识。

☒ 提高分析和解决问题的能力，努力成为高素质的网络人才。

6.1　网络互连概述

网络互连是指将分布在不同地理位置的、相同或不同类型的网络通过网络互连设备（如中继器、网桥、路由器、网关）相互连接，形成一个范围更大的网络系统，以实现各个网段或子网之间的数据传输、通信、交互与资源共享；也可以是为增加网络性能或便于管理，先将一个很大的网络划分成几个子网或网段，然后再将子网互连起来组成大型网络。

由相同或不同类型的子网互连而成的大型网络称为互连网络。实际上，基于 TCP/IP 参考模型的因特网（Internet）就是由全世界无数的网络通过网络互连技术连接起来的，是国际上使用最广泛的一种互联网。

6.1.1 网络互连的主要原因

随着计算机应用技术的飞速发展，社会对计算机网络的需求不断增长。在这种背景下，网络之间的互连变得日益重要。归纳起来，网络互连的主要原因有以下几点。

（1）扩展网络覆盖范围的需要。局域网的信息传输距离受到严格的限制。一般来说，从集线器或交换机端口到终端设备之间的实际距离不超过 100 m。通过网络互连，可以增加局域网的通信距离，扩展局域网的覆盖范围。

（2）扩大资源共享范围的需要。单个局域网内的资源是有限的，如果不连入 Internet，它就会成为一个"信息孤岛"，无法与外部交流信息、共享资源，就发挥不出网络应有的作用。例如，全球性的企业集团带来了全球性的市场，要增强企业的竞争力，就需要将分布在世界各地的企业局域网互连起来。

（3）网络分割的需要。随着局域网中设备接入数量的增加和网络覆盖范围的扩大，网络中广播信息的数目也会随之增加，这会导致网络性能降低，安全性变差。为了解决这一问题，需要将一个大的局域网分割成多个子网，不同的子网之间再通过互连设备进行连接，以提高网络的可靠性和安全性，使网络更易于管理和维护。

6.1.2 网络互连的类型

计算机网络从覆盖范围上可以分为局域网、城域网和广域网 3 类。其中，局域网与城域网的基本特征是相同的，只是规模上有差别。所以网络互连的类型主要有以下 4 种。

（1）局域网（LAN）—局域网（LAN）互连。在实际应用中，局域网与局域网之间的互连是最常见的一种网络互连类型。它包括两种情况：一是相同类型局域网之间的互连，如以太网与以太网之间的互连；二是不同类型局域网之间的互连，如以太网与令牌网互连、以太网与 ATM 网互连。

（2）局域网（LAN）—广域网（WAN）互连。局域网和广域网互连也是常见的网络互连类型。例如，企业网、校园网通过电信网络接入 Internet。

（3）局域网（LAN）—广域网（WAN）—局域网（LAN）互连。这种类型是指两个分布在不同地理位置的局域网通过广域网互连。众多全球型企业的专用网就是局域网—广域网—局域网互连的典型例子。

（4）广域网（WAN）—广域网（WAN）互连。Internet 是广域网互连的典型例子。

6.1.3　实现网络互连的基本要求

不同的网络有着不同的寻址方式、分组限制、网络连接方式等。两个网络要实现互连，并达到相互之间信息交流与资源共享的目的，必须满足以下几个基本要求。

（1）在互连网络之间至少有一条在物理上连接的链路及对这条链路的控制规程。

（2）在不同网络节点的应用程序间提供适当的路径来传输数据。

（3）协调各个网络的不同特性，不对参与互连的某个网络的硬件、软件、网络结构或协议做大的修改。

（4）不能为提高整个网络的传输性能而影响各子网的传输性能。

（5）向互连的网络提供不同层次的服务功能，包括协议转换、报文重定向、差错检测等。

　知识库

两个"互连"后的网络要实现相互之间信息交流与资源共享的目的，必须完全满足"互连""互通""互操作"这三个条件，缺一不可。因此，要学习和了解网络互连技术，必须弄清楚"互连""互通""互操作"这三个术语的内涵。

（1）互连（interconnection）：是指在两个物理网络之间至少有一条物理上连接的线路，为两个网络的数据交换提供物质基础与可能性。但并不能保证两个网络一定能够进行数据交换，这要取决于两个网络的通信协议是否相互兼容。

（2）互通（intercommunication）：是指两个物理网络之间可以交换数据。例如，在Internet 中，TCP/IP 协议簇屏蔽了物理网络的差异性。它能保证互连的不同类型网络中的计算机之间可以交换数据，但不能保证两台计算机之间可以相互访问对方的资源。

（3）互操作（interoperability）：是指互连网络中不同计算机系统之间具有透明地访问对方资源的能力。互操作性一般是由高层软件来实现的。

互连、互通和互操作三者之间呈现递进关系：互连是基础，互通是手段，互操作是目标。也就是说，网络互连的最终目标是实现互连网络间的互操作。

6.2　网络互连介质

网络互连介质是连接各网络节点，承载网络中数据传输功能的物理实体。如果将网络中的计算机比作货站，数据比作汽车的话，那么网络互连介质就是不可缺少的公路。根据介质的物理特征，网络互连介质分为有线传输介质和无线传输介质两大类。目前常用的有线传输介质有双绞线、同轴电缆和光纤等，常用的无线传输介质有无线电波、微波和红外线等。

6.2.1 双绞线

1. 双绞线的组成结构

双绞线（又称双扭线）是当前应用最普遍的传输介质，其电缆中封装着一对或多对双绞线，每对双绞线通常由两根具有绝缘保护层的铜导线组成，如图6-1所示。这两根铜导线按一定密度相互缠绕在一起可降低信号干扰的程度，这是因为一根铜导线在传输中辐射的电波会被另一根铜导线辐射出的电波抵消。与其他传输介质相比，双绞线在传输距离、信道带宽和数据传输速率等方面均受到一定限制，但价格较为低廉。

双绞线

4对双绞线

漏电线

图 6-1　双绞线

2. 双绞线的传输特性

双绞线主要是用来传输模拟信号的，但在短距离时同样适用于数字信号的传输。双绞线在传输数据时，信号的衰减比较大，并且容易产生波形畸变。采用双绞线的局域网的带宽取决于所用双绞线的质量、长度及传输技术。当距离很短且采用特殊的传输技术时，采用双绞线的局域网的传输速率可达 100 Mbps～1 000 Mbps。

3. 双绞线的分类

双绞线可分为非屏蔽双绞线（unshielded twisted pair，UTP）和屏蔽双绞线（shielded twisted pair，STP）两大类。

1）非屏蔽双绞线 UTP

非屏蔽双绞线保护层较厚，包皮上通常标有类别号码。例如，"CAT5"字样表示为 5 类非屏蔽双绞线。最常用的非屏蔽双绞线为 5 类非屏蔽双绞线（见图 6-2），适用于语音和多媒体等 100 Mbps 的高速和大容量数据的传输，常用于 10Base-T 和 100Base-T 等以太网。

此外，超 5 类双绞线也属于非屏蔽双绞线，与 5 类双绞线相比，它在传送信号时的衰减更小、抗干扰能力更强。例如，在 100 Mbps 的网络中，超 5 类双绞线受到的干扰只有普通 5 类双绞线的 1/4。

非屏蔽双绞线电缆外面只需一层绝缘胶皮，因而价格便宜、重量轻、易弯曲、易安装，组网灵活，非常适用于结构化布线。所以，在无特殊要求的计算机网络中常使用非屏蔽双绞线。

2）屏蔽双绞线 STP

由于双绞线传输信息时会向周围辐射，信息很容易被窃听，因此需要花费额外的代价加以屏蔽。屏蔽双绞线（STP）的外面有一层金属材料的屏蔽层，可减小辐射，防止信息被窃听，如图 6-3 所示。屏蔽双绞线具有较高的数据传输速率，如 5 类 STP 在 100 m 内可达到 155 Mbps，而 UTP 只能达到 100 Mbps。但屏蔽双绞线的价格相对较高，安装时要比非屏蔽双绞线困难，必须使用特殊的连接器，技术要求也比非屏蔽双绞线高。

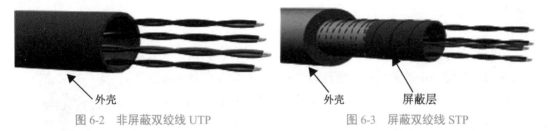

图 6-2　非屏蔽双绞线 UTP　　　　　　图 6-3　屏蔽双绞线 STP

4. 双绞线连网时的特点

双绞线一般用于室内星型网络的布线，每条双绞线通过两端安装的 RJ-45 连接器（俗称水晶头，见图 6-4）与网卡和集线器（或交换机）相连，两个网络端口之间的最大距离为 100 m。如果要加大网络的范围，在两段双绞线电缆间可安装中继器；但最多只能安装 4 个中继器，因此网络的最大范围为 500 m。这种连接方法也称为级连。

图 6-4　RJ-45 连接器

6.2.2　同轴电缆

同轴电缆（coaxial cable）由一根空心的圆柱体和其所包围的单根内导线组成，是初期网络中最常用的具有保护套的传输介质。如图 6-5 所示，同轴电缆从里到外依次是中心铜线、绝缘层、网状导体和塑料封套，这 4 个部分具有同一个轴心，因此称为同轴。同轴电缆的屏蔽性能好、抗干扰能力强，与双绞线相比具有更高的带宽和噪声抑制特性。

塑料封套　　　　网状导体　绝缘层　　中心铜线

图 6-5　同轴电缆的结构

广泛使用的同轴电缆有两种：一种是阻抗为 50 欧姆的基带同轴电缆，另一种是阻抗为 75 欧姆的宽带同轴电缆。

（1）基带同轴电缆：只用于传输数字信号，可以作为局域网的传输介质。基带同轴电缆的带宽取决于电缆长度。电缆增长，其数据传输速率将会下降。当传输距离小于 1 km 时，传输速率可达到 50 Mbps，误码率为 $10^{-11} \sim 10^{-7}$。

（2）宽带同轴电缆：既可用于传输模拟信号，也可用于传输数字信号。宽带电缆技术使用标准的闭路电视技术，可以使用的频带高达 900 MHz，在传输模拟信号时可传输近 100 km，对信号的要求也远没有像对数字信号那样高。宽带同轴电缆的性能比基带同轴电缆好很多，但需附加信号处理设备，适用于长途电话网、电缆电视系统及宽带计算机网络。

6.2.3 光纤

光纤是光导纤维（optical fiber）的简写，它是一种利用光在玻璃或塑料制成的纤维中的全反射原理传递光脉冲，实现光信号传输的新型材料。因为它携带的是光脉冲，不受外界的电磁干扰或噪声影响，在有大电流脉冲干扰的环境下也能保持较高的数据传输速率并提供良好的数据安全性。因此，光纤是电气噪声环境中最好的传输介质，常用于以极快的速度传输巨量数据的场合。

光纤

1. 光纤的结构与传导原理

光纤是由透明材料做成的纤芯和由比纤芯的折射率稍低的材料做成的包层和护套共同构成的多层介质结构的对称圆柱体，如图 6-6 所示。

（1）纤芯直径约 5 μm～75 μm，材料主体是二氧化硅，里面掺极微量的其他材料，如二氧化锗、五氧化二磷等。掺杂的作用是提高材料的光折射率。

（2）纤芯外面有包层，包层有一层、二层或多层。包层的材料一般用纯二氧化硅，也可以掺极微量的三氧化二硼，最新的方法是掺微量的氟。掺杂的作用是降低材料的光折射率。

（3）光纤最外面通常还有一层护套，用来防止光的泄漏，对光纤起保护作用。

光在光纤中传播主要是依据全反射原理，如图 6-7 所示。当光从高折射率的介质进入低折射率的介质时，其折射角大于入射角（见①）。因此，如果入射角足够大，就会出现全反射，即光碰到包层时便会折回纤芯（见②），这样光就沿光纤一直传输下去。实际上，只要进入光纤表面的光的入射角大于某一个临界角度，光就可以产生全反射。

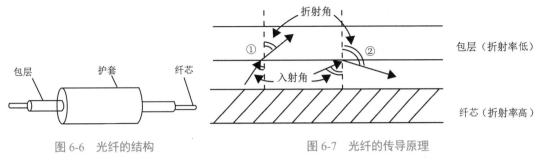

图 6-6　光纤的结构　　　　　　　　　图 6-7　光纤的传导原理

2. 光纤的分类

光纤的种类繁多，根据不同的分类标准可将其划分为不同的种类。

（1）按工作波长，可将光纤分为短波长光纤与长波长光纤。

（2）按光纤剖面折射率分布，可将光纤分为阶跃（SI）型、近阶跃型、渐变（GI）型、其他型（如三角型、W 型、凹陷型等）光纤。

（3）按光在光纤中的传输模式，可将光纤分为单模光纤和多模光纤。

（4）按制造原材料，可将光纤分为石英玻璃光纤、多成分玻璃光纤、塑料光纤、复合材料（如塑料包层、液体纤芯等）光纤。

实际应用中，最常见的是单模光纤和多模光纤。

1）单模光纤（single mode fiber，SMF）

当光纤的几何尺寸（主要是纤芯直径）可以与光波波长相比拟时，光纤只允许一种模式（基模 HE11）在其中传播，其余的高次模全部截止，这样的光纤叫作单模光纤。单模光纤传输时只有一个光斑（主模），即光只沿着光纤的轴心传输，如图 6-8（a）所示。这种光纤具有较宽的频带，传输损耗小，因此允许做无中继的长距离传输。但由于这种光纤难与光源耦合，连接较困难，价格昂贵，故主要用作邮电通信中的长距离主干线。

2）多模光纤（multi mode fiber，MMF）

当光纤的几何尺寸远远大于光波波长时，光纤中会存在着几十种乃至几百种传播模式，这样的光纤称为多模光纤。多模光纤传输时有多个光斑，如图 6-8（b）所示。不同的传播模式会有不同的传播速度与相位，因此经过长距离的传输之后会产生时延，导致光脉冲变宽。这种现象叫作光纤的模式色散（又叫模间色散）。模式色散会使多模光纤的带宽变窄，而且随距离的增加会更加严重。因此多模光纤仅适用于容量较小、传输距离比较短的光纤通信。

（a）单模光纤　　　　　　　　　　（b）多模光纤

图 6-8　光传输模式示意图

3. 光纤通信技术

光纤通信是利用光波作为载波，以光纤作为传输介质实现信息传输，达到通信目的的一种新型通信技术。光纤通信是以光纤传输系统方式实现的。光纤传输系统主要由光发送机、光接收机、光纤传输线路、中继器和各种光器件构成，如图 6-9 所示。

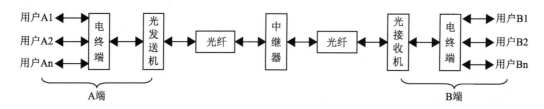

图 6-9　光纤传输系统

通信过程中，由一端的光发送机将电信号转变成光信号，并将光信号导入光纤。光信号在光纤中传播，在另一端由光接收机负责接收并进一步将其还原为发送前的电信号。为了防止长距离传输引起的光能衰减，在大容量、远距离的光纤通信中每隔一定的距离需设置一个中继器。

光纤通信与传统的电气通信相比有很多优点：传输频带宽、通信容量大；传输损耗低、中继距离长；线径细、重量轻；原料为石英，节省金属材料，有利于资源合理使用；绝缘、抗电磁干扰性能强；抗腐蚀能力强、抗辐射能力强、可绕性好、无电火花、泄漏小、保密性强，可在特殊环境或军事方面使用。

 提示　由于光纤只能单向传输信号，为了实现双向通信，光纤必须成对使用，一根用于发送数据，另一根用于接收数据。将多根光纤捆扎成一组，外面再加上保护层所构成的光导纤维电缆称为光缆。在实际工程中光纤是以光缆形式应用的。

双绞线、同轴电缆与光纤的性能比较如表 6-1 所示。

表 6-1　双绞线、同轴电缆与光纤的比较

传输介质	价　格	电磁干扰	频带宽度	单段最大长度
UTP	便宜	高	低	100 m
STP	一般	低	中等	100 m
同轴电缆	一般	低	高	185 m/500 m
光纤	高	没有	极高	几十千米

▐▌▌▌ 自信中国 ★ ●

光纤通信是二战以来最有意义的发明之一。没有光纤通信，就不会有今天的通信网络。1976 年，世界第一条民用光纤通信线路开通，人类通信进入"光速时代"。同一年，我国第一根实用化光纤在武汉邮电科学研究院诞生，开启了我国光纤通信技术和产业发展的新纪元。

1998 年，全国"八纵八横"格状形光缆骨干网提前两年建成，网络覆盖全国省会以上城市和 70%地市，全国长途光缆达到 20 万千米。我国形成以光缆为主、卫星和数字微波为辅的长途骨干网络。

2006 年，中国、美国、韩国六大运营商在北京签署协议，共同出资 5 亿美元修建中国和美国之间首个兆兆级、10 G 波长的海底光缆系统——跨太平洋直达光缆系统。

2019 年，科研人员在国内首次实现 1.06 P/S 超大容量波分复用及空分复用的光传输系统实验，可以实现一根光纤上近 300 亿人同时通话。

6.2.4 无线传输介质

随着信息时代的到来，移动电话、PDA（掌上电脑）等移动设备已广泛应用于人们的日常工作和生活中，人们希望随时随地都可以依赖网络来实现通信、信息共享、协同工作等，而有线传输介质约束了网络的可移动性。在这种背景下，无线网络得以迅速发展。

无线网络是通过无线传输介质来传输数据的。无线传输是指信号通过空气（或真空）传输，其载体介质主要包括无线电波、微波、红外线等，这些载体都属于电磁波，它们之间是通过电磁波的频率来加以区分的。人们将电磁波按照各自应用的特性定义了不同的波段名称，依照频率由低向高次序分别为无线电波、微波、红外线、可见光、紫外线（UV）、伦琴射线（X 射线）与伽马射线（γ 射线），如图 6-10 所示。

> ！提示
>
> 在波段中，LF、MF、HF、VHF、UHF、SHF、EHF、THF 分别表示低频、中频、高频、甚高频、特高频、超高频、极高频和巨高频。
>
> 无线电波、微波、红外线、可见光都可以通过调节振幅、频率或者相位来传输信息。但紫外线、X 射线、γ 射线对人体有害，而且这些电磁波很难产生和调节，故不将其纳入无线传输介质。

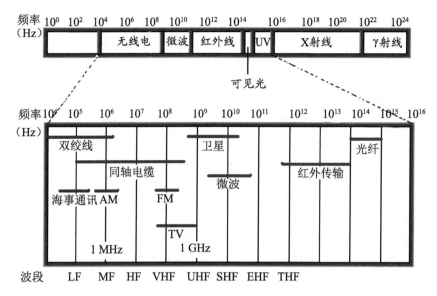

图 6-10 电磁波谱

1）无线电波

中低频无线电波的频率在 1 MHz 以下，它们沿着地球表面传播。该波段上的无线电波很容易穿过一般建筑物，但其电磁波强度随着传播距离的增大而急剧递减。利用中低频无线电波进行数据通信的主要问题是通信带宽较低，传输距离较短，很容易受到其他电子设备的各种电磁干扰。

高频、甚高频和特高频无线电波的频率为 1 MHz～1 GHz，这些波段上的无线电波会被地球表面吸收，但是到达离地球表面大约 100 km～500 km 高度的带电粒子层的无线电波将被反射回地球表面。我们可以利用无线电波的这种特性来进行数据通信。这类无线电波传输距离较远，传输质量与气候有密切关系，存在很大的不稳定性，很容易受到其他电子设备的各种电磁干扰。

2）微波

微波是指频率为 300 MHz～300 GHz 的无线电波，是计算机网络中最早使用的无线介质类型。微波通信是利用微波进行信息传输的一种通信方式，其典型的工作频率为 2 GHz、4 GHz、8 GHz 和 12 GHz。

微波只能沿直线传播，因此微波的发射天线和接收天线必须精确对准。由于地球是一个不规则球体，因此其传播距离受到限制，一般只有 50 km。为了增加传输距离，每隔一段距离就需要一个中继站，两个中继站之间的距离一般为 30 km~80 km。为了避免地面上的遮挡，中继站的天线一般架设得比较高。微波通信具有较高的传输速率和较强的可靠性，可同时传输大量数据，常用于卫星通信、电视转播和军事领域。

知识库

　　卫星通信是利用同步卫星作为中继站的特殊微波通信，具有通信容量大、传输距离远、覆盖范围广等优点，因此适合于全球通信、电视广播等环境。例如，美国的全球定位系统 GPS、中国的北斗卫星导航系统都是采用卫星通信的。

3）红外线

　　红外线广泛应用于短距离通信，如家用电器的遥控器、移动设备的红外线传输器。虽然红外线传输具有方向性好、便宜、易于制造等优点，但是红外线不能通穿过固体物质，这一问题的存在严重影响了它的发展前景。

6.3 网络互连设备

　　网络的互连实质上是对应各层次的互连。根据 OSI 参考模型的层次结构，网络互连的层次与相应的互连设备如图 6-11 所示。

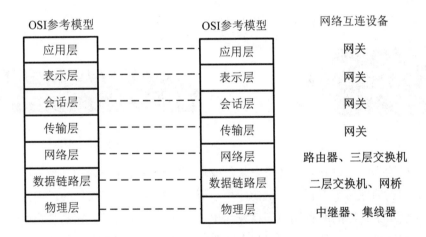

图 6-11　网络互连层次与相应的互连设备

6.3.1 中继器、集线器

　　物理层与物理层之间的互连属于同一个局域网内的计算机之间的互连，可以通过中继器和集线器实现。

1. 中继器

　　中继器（RP repeater）又称转发器，是最简单的网络互连设备。中继器常用于在两个网络节点的物理层之间按比特位双向传递物理信号，完成信号的复制、调整和放大功能，以扩大数据的传输距离。

由于中继器只是在物理层内进行比特流的复制并补偿信号衰减，它仅将比特流从一个物理网段复制到另一个物理网段，而完全不关注封装在其中的任何地址或路由信息，因此中继器的两端连接的只是网段，而不是子网。中继器不能用于隔离网段之间的不必要的流量，也不能互连不同类型的网络。另外，中继器在放大了网络上有用信息的同时，也放大了有害的噪声。

目前，中继器主要用于延长光纤的传输距离，因此也称为光纤信号中继器，如图 6-12 所示。光纤信号中继器主要实现光信号在单模光纤与单模光纤、多模光纤与多模光纤等介质之间的透明传输，支持 100 Mbps、155 Mbps、1 000 Mbps 以太网，可广泛应用于局域网、广域网的互连及数据通信领域。例如，亚太直达海底光缆系统连接了中国、日本、韩国、越南、泰国、马来西亚、新加坡，全长约 10 900 km，其间使用了很多的光纤信号中继设备。

2. 集线器

集线器（Hub）也称为集中器（见图 6-13），是一种特殊的多端口中继器，用于连接多个设备和网段。集线器的主要功能是对接收到的信号进行再生、整形、放大，以扩大网络的传输距离，同时把所有节点集中在以它为中心的节点上。

图 6-12　光纤信号中继器　　　　　　　　　　图 6-13　集线器

当以集线器为中心设备时，网络中某条线路产生故障时并不影响其他线路的工作，所以集线器最初在局域网中得到了广泛的应用。但是，集线器会把收到的任何数字信号经过再生或放大后从集线器的所有端口广播发送出去，这种广播信号很容易被窃听，降低了网络的安全性和可靠性；并且，所有连到集线器的设备共享端口带宽，设备越多每个端口的带宽就越低。因此，由于以上种种原因，加之交换机的价格有所降低，大部分集线器已被交换机取代。

6.3.2　网桥和二层交换机

网桥和二层交换机都是数据链路层的网络互连设备，它们具有物理层和数据链路层两层的功能，既可以用于局域网的延伸、节点的扩展，也可以用于将负载过重的网络划分为较小的网段，以达到改善网络性能和提高网络安全性的目的。

1．网桥

网桥（bridge）也叫桥接器，是连接两个或多个在数据链路层以上具有相同或兼容协议的局域网的一种存储转发设备，如图 6-14 所示。

网桥

图 6-14　网桥

1）网桥的功能和特点

在由集线器连接的网络中，从集线器某一端口上接收到的数据帧会被广播到集线器的所有端口，这样会使冲突域急剧扩大，导致网络传输效率降低。这种情况在网桥上就不会发生。与集线器相比，网桥具有如下的功能和特点。

（1）网桥能将一个较大的局域网分割为多个较小的局域网，进而分隔较小局域网之间的广播通信量，有利于提高互连网络的性能与安全性。

（2）网桥能将两个以上相距较远的局域网互连成一个大的逻辑局域网，使局域网上的所有用户都可以访问服务器，扩大网络的覆盖范围。

（3）网桥可以互连两个采用不同数据链路层协议、不同传输介质或不同传输速率的网络，但这两个网络在数据链路层以上应采用相同或兼容的协议。

（4）网桥以"存储—转发"的方式实现互连网络之间的通信。

2）网桥的分类

根据网桥工作原理的不同，可以将网桥分为透明网桥和源路由网桥。

（1）透明网桥：是指网桥对于通信双方完全是透明的。在透明网桥中，所有的路由选择全部由网桥自己确定，局域网上各节点不负责路由选择。

透明网桥是一个具有"自学"功能的智能化设备，采用"学习、泛洪、过滤、转发和老化"的方式处理数据帧。

◆ 学习：当数据帧进入网桥以后，网桥读取数据帧的帧头信息，将源 MAC 地址与发出这个帧的端口号的对应关系记录到自己的 MAC 地址表中。这张表最大能存储 4 096 条记录。

◆ 老化：如果 MAC 地址表中已经存在这个源 MAC 地址的记录，它就会刷新这个条目的老化计时器。

◆ 泛洪：网桥检查帧头中的目标 MAC 地址后，如果发现这个地址是一个广播地址、多播地址或者是未知的单播地址，就将这个数据帧转发到除了接收到这个数据帧的端口之外的所有端口。

◆ 转发：如果 MAC 地址表中有目标 MAC 地址的相应条目，网桥就从 MAC 地址表中找到相应的端口，然后将数据帧从相应端口转发给目标 MAC 地址。

◆ 过滤：当数据帧中的目标地址和源地址处于同一个端口上时，网桥会丢弃这个数据帧，这个过程称为过滤。

（2）源路由网桥：路由选择由发送帧的源节点负责，即源路由网桥要求信息源（不是网桥本身）提供传递帧到终点所需的路由信息。源节点在发送帧时，需要将详细的路由信息放在帧的首部，网桥只需要根据数据帧中的路由信息进行存储和转发即可。源路由网桥在理论上可用于连接任何类型的局域网，但主要用于互连令牌环网。

3）网桥的局限性

实际应用中，网桥在很多方面都具有一定的局限性。

（1）网桥互连的多个网络要求在数据链路层以上的各层采用相同或兼容的协议。

（2）网桥要处理接收到的数据信息，需要先存储，再查找 MAC 地址与端口的对应记录，因此增加了时延及数据的传输时间，降低了网络性能。

（3）网桥不能对广播分组进行过滤，因此对于避免广播风暴，网桥无能为力。

 知识库

> 当大量的广播帧同时在网络中传播时，就会发生数据的碰撞而导致发送失败。网络为了改善这种情况就会重传很多数据，导致更大量的广播流，进而使网络可用带宽减少，并最终使网络失去连接而瘫痪。这一现象称为广播风暴。

（4）网桥没有路径选择能力，不能对网络进行分析并选择数据传输的最佳路由。

随着先进的交换技术和路由技术的发展，网桥技术已经远远地落伍了。一般来说，现在很难再见到把网桥作为独立设备的情况，而是使用二层交换机来实现网桥的功能。

2. 二层交换机

二层交换机（见图 6-15）工作在 OSI 参考模型的数据链路层，其本质是网桥。但网桥一般只有两个端口，而交换机通常有多个端口，如 12 口、24 口、48 口等，所以又可称二层交换机为多端口网桥。网桥在发送数据帧前，通常要对接收到的完整的数据帧执行帧检验（FCS），而交换机在一个数据帧接收结束前就可以发送该数据帧了。

图 6-15　二层交换机

二层交换机的功能包括物理编址、构建网络拓扑结构、错误校验、传输数据帧序列及流量控制。在选择路由的策略上，二层交换机和透明网桥是类似的，但在交换数据帧时有着不同的处理方式。有关二层交换机的工作原理和帧转发方式等内容已在 5.3.2 节中介绍过，这里不再重复。

交换机在外形上与集线器很相似，在实际应用中也很容易弄混。我们可以从以下几个方面来区分它们。

◆ 工作层次不同：集线器属于 OSI 参考模型的物理层设备，而交换机属于数据链路层设备。

◆ 工作方式不同：集线器采用的是广播模式，当集线器的某个端口工作时，其他所有端口都会收到信息，容易产生广播风暴；而交换机在工作时，只有发出请求的端口和目的端口之间进行通信，并不会影响其他端口，这种方式隔离了冲突域，有效抑制了广播风暴的产生。

◆ 端口带宽使用方式不同：集线器的所有端口共享带宽，在同一时刻只能有两个端口传送数据；而交换机的每个端口独享自己的固定带宽，既可以工作在半双工模式下，也可以工作在全双工模式下。

6.3.3　路由器和三层交换机

工作在 OSI 参考模型网络层的互连设备主要有路由器与三层交换机。随着网络的不断发展，路由器已成为不同网络之间互相连接的枢纽，路由器系统构成了基于 TCP/IP 国际互联网（Internet）的主体骨架，而三层交换机构成了交换式以太网的主体骨架。

1. 路由器

路由器（router）是一种连接多个相同或不同类型网络的网络互连设备，如图 6-16 所示。它具有按某种准则自动选择一条到达目的子网的最佳传输路径的能力，用来连接两个及以上复杂网络。

图 6-16　路由器

1）路由器的组成

路由器由硬件和软件两部分组成。硬件主要由中央处理器、内存、接口、控制端口等物理硬件和电路组成。从硬件的角度看，路由器是一台连接两个或多个网络的专用高性能计算机，虽然它没有显示器与硬盘，但它有内存和处理器。

软件主要由路由器的 IOS 操作系统和各种网络运行参数所组成。

2）路由器的功能

路由器将各个子网在逻辑上看作独立的整体。路由器的作用就是完成这些子网之间的数据传输，它从一个子网接收输入的数据报，然后向另一个子网转发。

◆　路由选择：路由是指路由器接收到数据时，选择最佳路径将数据穿过网络传递到目的地址的行为。路由器为经过它的每个数据报都进行路由选择，寻找一条最佳的传输路径将其传递到目的地址。

◆　连接网络：路由器既可以将相同类型的网络连接起来，又可以将局域网连接到 Internet。例如，在银行系统中，各个部门的局域网一般通过路由器连接成一个较大规模的企业网或城域网，并将其连接到 Internet。

◆　划分子网：路由器可以从逻辑上把网络划分成多个子网，对数据转发实施控制。例如，可以规定外网的数据不能转发到内部子网，从而避免外网黑客对内部子网的攻击。

◆　隔离广播：路由器可以自动过滤网络广播，避免广播风暴的产生。

3）路由器的工作原理

（1）路由表。

路由器的主要工作就是为经过路由器的每个数据报寻找一条最佳传输路径，并将该数据报有效地传送到目的地址。由此可见，选择最佳路径的策略，即路由算法是路由器的关键所在。为了完成这项工作，在路由器中保存着各种传输路径的相关数据——路由表（routing table），供路由选择时使用。

路由表是工作在网络层实现子网之间数据转发的一个核心组件，它的具体格式随操作系统的不同而有所不同，但基本都包含目的地址、掩码、转发地址、接口和标识，如表 6-2 所示。

扫一扫

路由器工作原理
——路由表

表 6-2　路由表项

目的地址	掩　码	转发地址	接　口	标　识
162.105.4.0	255.255.255.0	162.105.1.2	eth0	G

◆　目的地址和掩码：是整个表的关键字段，两个字段共同指出目的网络地址。

◆　转发地址：如果目的 IP 地址所在的网络和当前路由器不直接相连时，则路由表项中会出现下一跳路由器的地址。对于与主机或者路由器直接相连的网络，转发地址字段可能是连接到网络的接口地址。

◆　接口：指出数据转发所使用的路由器接口信息，一般为端口号或其他逻辑标识符。

◆　标识：用于说明路由的类型和情况。例如，H 表示该路由是主机路由，即该路由表项指向一台具体的主机；G 则表示转发地址是一个有效的下一跳路由器地址；C 表示下一跳是与当前路由器直接相连的；S 表示该路由表项是静态的；O 表示该路由表项是通过 OSPF 路由协议得到的；R 表示该路由表项是通过 RIP 协议得到。

在查找路由表时，要求使用最佳匹配原则。因为在路由表中每条路由的掩码长度不同，如果有多条成功匹配的路由表项，则选择掩码最长的表项所对应的路由作为最佳匹配。实际上，路由器一般都是按照掩码的长度从长到短排序。这样，在查找路由表的时候，自然就从掩码最长的路由开始搜索。默认路由的掩码长度为 0，所以它应该是整个路由表的最后一项。

（2）IP 数据报的转发过程。

一个 IP 数据报在从源节点到目的节点的过程中，一般要经历若干路由器。因此，数据转发也是路由器的一大基本功能。下面用实例说明路由器数据转发的特性及转发流程，如图 6-17 所示。假设主机 A 要发送数据给主机 B，其途中需经过路由器 R1、R2 和 R3，数据报的转发过程分析如下。

路由器工作原理
——IP 数据报转发过程

主机 A 向主机 B 发送数据时，已经知道自身的网关 R1 的 IP 地址（219.243.10.1）和 MAC 地址（已提前配置或由 ARP 获得），于是 A 首先把数据报发送给它的网关 R1。

R1 在收到主机 A 发送给主机 B 的数据报后，交由 IP 协议去处理。IP 协议第一步先检验 IP 数据报报头中各个域的正确性，包括版本号、校验和及长度等。如果发现错误，则丢弃该数据报。如果数据报报头信息正确无误，则进行 TTL 处理：首先把 TTL 域的值减 1，然后查看 TTL 值。如果 TTL 值为"0"，表明该数据报在网络中的生存时间已到，应该丢弃。如果 TTL 大于"0"，则继续进行路由。

然后，R1 根据 IP 数据报中的目的地址查询路由表。如果路由表中没有到达主机 B 的路由信息，则丢弃该数据报。如果路由表中有相关路由信息，则把该数据报包转发给下一跳路由器。在图 6-17 中，R1 的下一跳路由器地址是 R2 的一个端口，其 IP 地址为 210.32.16.1。

R1 根据这个 IP 地址，从 ARP 表中查找 R2 的 MAC 地址，并将 IP 数据报转发给 R2。

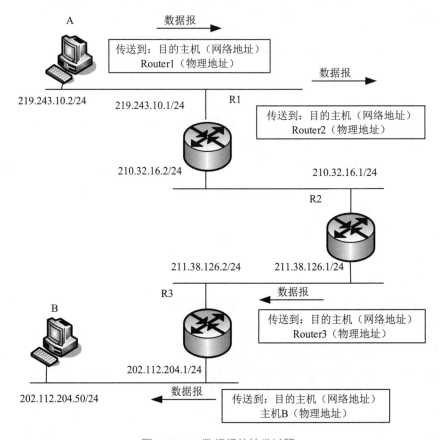

图 6-17　IP 数据报的转发过程

> **提示**
>
> 　　数据报在经过路由器 R1 时，由于 R1 修改了数据报报头中的 TTL 值，所以 R1 还需要重新计算数据报报头中的校验和。如果数据报报头中带有 IP 选项，则还需要根据选项的内容进行处理。在处理过程中，凡是出现错误或路由不通等情况，IP 协议都要向数据报的源节点发送一个 ICMP 差错报文，报告不能转发的原因。

　　R2 从 R1 接收数据报后做与 R1 同样的处理，然后再将数据报转发给 R3，依次进行下去，直到把数据报转发到主机 B，最终完成数据报的转发。

　　IP 数据报转发的过程可以总结如下：

　　① 当路由器从端口接收到数据帧时，首先检查目的地址字段中的数据链路标识，如果标识符是路由器端口标识符或广播标识符，则从数据帧中去掉帧封装，将剥离出来的数据报传递给网络层。然后，路由器检查数据报的目的 IP 地址，如果目的 IP 地址是路由器端口地址或者所有主机的广播地址，则继续检查报文协议字段，根据其代表的协议向相应

的内部进程发送数据。

② 如果数据报的目的 IP 地址不是路由器端口地址或者所有主机的广播地址，即数据报需要继续路由到下一跳路由器，则查看本地路由表，查找是否存在与目的 IP 地址完全相同的条目。如果查找成功，则把报文发送给目的 IP 地址。

③ 若上述查找失败，则重新查看路由表，查找能与目的 IP 地址中的网络号相同的条目。如果查找成功，把数据报发送到指定的下一跳 IP 地址或直接连接的网络接口。如果多于一项条目与之匹配，则继续匹配子网位，直到实现最佳匹配。

④ 若上述查找失败，则重新查看路由表，查找是否存在默认路由。查找成功，按照默认路由转发数据报。

⑤ 若上述查找都失败，则该报文被丢弃；同时路由器向发送该数据的源 IP 地址主机发送 ICMP 报文，报告网络不可达信息。

2. 三层交换机

三层交换机是一种在二层交换机的基础上增加三层路由模块，使其能够检查数据报信息，并根据目的 IP 地址转发数据报，在网络层实现数据报高速转发，以及在多个局域网间完成数据传输的网络互连设备。三层交换机对数据报的处理与传统路由器相似，它可以实现路由信息的更新、路由表维护、路由计算、路由确定等功能。

1）三层交换机的工作过程

三层交换技术也称为 IP 交换技术或高速路由技术，它是相对于传统的二层交换概念提出的。简单来说，三层交换技术等于在二层交换技术的基础上增加了三层转发技术。这是一种利用第三层协议中的信息来加强二层交换功能的机制。三层交换机实质上就是将二层交换机与路由器结合起来的网络设备，但它是二者的有机结合，并不是简单地把路由器设备的硬件及软件叠加在二层交换机上。

三层交换机的工作过程

三层交换机既可以完成数据交换功能，又可以完成数据路由功能。其工作过程如图 6-18 所示。

（1）当某个信息源的第一个数据进入三层交换机时，三层交换机需要分析、判断其中的目的 IP 地址与源 IP 地址是否在同一网段内。

（2）如果目的 IP 地址与源 IP 地址在同一网段，三层交换机会通过二层交换模式直接对数据进行转发。

（3）如果目的 IP 地址与源 IP 地址分属不同网段，三层交换机会将数据交给三层路由模块进行路由。三层路由模块在收到数据后，首先要在内部路由表中查看该数据中目的 MAC 地址与目的 IP 地址间是否存在对应关系，如果有，则将其转回二层交换模块进行转发。

（4）如果两者没有对应关系，三层路由模块会对数据进行路由处理，将该数据的 MAC 地址与 IP 地址映射添加至内部路由表中，然后将数据转回二层交换模块进行转发。

这样一来，当相同信息源的后续数据再次进入三层交换机时，交换机能够根据第一次生成并保存的 MAC 地址与 IP 地址映射，直接从二层由源 IP 地址转发到目的 IP 地址，而不需要再经过三层路由模块处理；这种方式实现了"一次路由，多次交换"，从而消除了路由选择造成的网络延迟，提高了数据的转发效率，解决了不同网络间传递信息时产生的网络瓶颈。

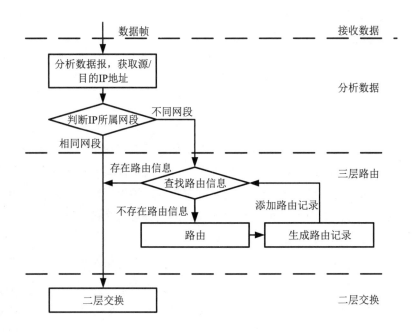

图 6-18　三层交换机的工作过程

2）三层交换机与路由器的区别

虽然三层交换机也具有"路由"功能，与传统路由器的路由功能总体上是一致的，但三层交换机并不等于路由器，同时也不可能取代路由器。三层交换机与路由器存在着相当大的区别，主要体现在以下 3 个方面。

（1）主要功能不同。路由器的主要功能是路由功能，它的优势在于选择最佳路由、负荷分担、链路备份及与其他网络进行路由信息的交换等。其他功能只是其附加功能，其目的是使设备适用面更广、实用性更强。而三层交换机虽然同时具备了数据交换和路由转发两种功能，但它的主要功能仍是数据交换。

（2）处理数据的方式不同。路由器由基于微处理器的软件路由引擎执行数据交换，一般采用最长匹配的方式，实现复杂，转发效率较低。而三层交换机通过硬件执行数据交换，在对第一个数据进行路由后，它将会产生一个 MAC 地址与 IP 地址的映射表，当来自同一数据源的数据再次通过时，将根据此表直接从二层转发数据而不是再次路由，从而消除了路由器进行路由选择而造成的网络延迟，提高了数据转发的效率。同时，三层交换机的路由查找是针对数据流的，它利用缓存技术，可以大大节约传输成本。

（3）用途不同。在数据交换方面，三层交换机的性能要远优于路由器，但三层交换机接口非常简单，只能支持单一的网络协议，一般适用于数据交换频繁的相同协议局域网的互连。而路由器的接口类型非常丰富，它的路由功能更多地体现在不同类型网络之间的互连上，如局域网与广域网之间的连接、不同协议的网络之间的连接等。

3）三层交换机的应用

三层交换机作为核心交换设备，广泛应用于校园网、城域教育网中。在实际应用中，三层交换机将一个大的交换网络划分为多个较小的 VLAN，各个 VLAN 之间再采用三层交换技术互相通信。它解决了局域网中网段划分之后，各网段必须依赖第三层路由设备进行通信和管理的局面，解决了路由器传输速率低、结构复杂所造成的网络瓶颈问题。

需要注意的是，三层交换机最重要的作用是加快大型局域网内部数据的交换速度，其所具备的路由功能也主要是围绕这一作用而开发的，没有同档次的专业路由器强，如在安全、协议等方面还有欠缺，并不能完全取代专业路由器。

在实际应用中的典型做法是：同一个局域网中各个子网的互连及 VLAN 间的路由使用三层交换机；而局域网与 Internet 之间的互连，则使用专业路由器。

6.3.4　网关

网关（gateway）又称网间连接器或协议转换器，是将两个或多个在 OSI 参考模型的传输层以上层次使用不同协议的网络连接在一起，并在多个网络间提供数据转换服务的软件和硬件一体化设备。

1.　网关的作用

在互连的、不同结构的网络中的主机之间相互通信时，由网关完成这两种网络数据格式的相互转换，以实现不同网络协议的翻译和转换工作。例如，如果要将使用 TCP/IP 协议簇的 Windows NT 系统与使用 SNA 协议的银行系统互连，则这两个网络系统之间需要用网关进行转换，如图 6-19 所示。

当局域网中的 Windows NT 客户机向 SNA 网的 Maiframe 主机发送数据时，这个数据在发到 Maiframe 主机之前，要先经过 SNA 网关进行处理。具体就是在 Windows NT 客户机送出的数据上加上必要的控制信息，并将其转换成 SNA 网中主机能理解与识别的数据格式。同理，当 SNA 网中的主机向 Windows NT 系统中的客户机发送数据时，也要先经过 SNA 网关，将数据翻译成符合 Windows NT 操作系统要求的数据格式。

网关能够连接多个高层协议完全不同的局域网。因此，网关是连接局域网和广域网的首选设备。

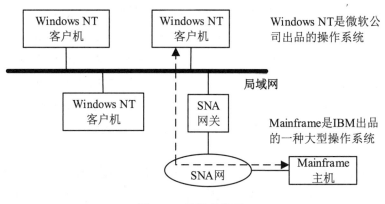

图 6-19　网关的作用

2．网关的分类

按照网关的应用功能不同，可将其分为协议网关、应用网关和安全网关 3 种类型。

1）协议网关

协议网关通常在多个使用不同协议及数据格式的网络间提供数据转换功能。图 6-19 中的 SNA 网关就是协议网关的典型应用。

2）应用网关

应用网关是在使用不同数据格式的环境中进行数据翻译的专用系统。它能够在接收到一种格式的数据后，将其翻译成新的格式并进行发送。例如，大家熟悉的 VoIP 网络电话就是通过一种叫作 VoIP 语音网关的设备来实现的。普通电话通过 VoIP 语音网关与计算机连接后，用户即可使用普通电话机通过 Internet 与其他网络电话用户（甚至普通电话用户）进行语音通信。又例如，邮件服务器也是一种典型的具有应用网关功能的系统。因为邮件服务器需要与多种使用其他数据格式的邮件服务器进行交互，这就要求邮件服务器要具备多个网关接口，便于不同数据格式间的相互转换。

3）安全网关

安全网关是综合运用多种技术手段，能够对网络上的信息进行安全过滤及控制的安全设备的总称。它能够对网络中的数据进行多方面的检查和保护，防范网络中产生的安全威胁。代理服务器就是一种典型的安全网关。

6.4　路由协议

路由器的主要工作就是为经过路由器的数据寻找一条最佳传输路径。为了找出最佳传输路径，需要使用路由选择算法来实现。路由选择算法将收集到的不同信息填入路由表中，并通过不断更新和维护路由表使之正确反映网络拓扑结构，最终根据路由表中的度量值来确定最佳路径。路由协议就是指实现路由选择算法的协议。

路由器获取路由信息的方式有两种：静态路由和动态路由。

（1）静态路由。静态路由是在路由器中设置的固定的路由。除非网络管理员干预，否则静态路由不会发生变化。由于静态路由不能对网络的改变做出反应，一般用于网络规模不大、拓扑结构固定的网络。静态路由的优点是简单、高效、可靠。在所有的路由中，静态路由的优先级最高。当动态路由与静态路由发生冲突时，以静态路由为准。

（2）动态路由。动态路由能实时地适应网络结构的变化：当网络拓扑发生变化时，路由选择软件就会重新计算路由，并发出路由更新信息；这些信息会经过各个网络，促使各路由器重新启动其路由算法，并更新各自的路由表。动态路由适用于网络规模大、网络拓扑复杂的网络。

动态路由是基于某种协议实现的，常见的路由协议有内部网关协议（IGP）和边界网关协议（BGP）。其中，内部网关协议又分为路由信息协议（RIP）和开放最短路径优先（OSPF）协议。

6.4.1　RIP（路由信息协议）

路由信息协议（routing information protocol，RIP）是最先得到广泛应用的内部网关协议。RIP 采用距离向量算法，即路由器根据距离选择最佳路径，所以也称为距离向量协议。

RIP 协议

1. RIP 的工作原理

RIP 使用跳数来衡量到达目的地的距离，即使用跳数作为路由度量值。跳数是指数据从源地址到达目的地址之间经过的路由器个数。从路由器到直接连接的网络的跳数定义为 1，每经过一个路由器则数值加 1。RIP 允许的跳数最大为 15，超过 15 跳的网络将无法到达，因此 RIP 一般适用于规模较小的同构网络。

RIP 中的路由更新是通过定时广播实现的。默认情况下，使用 RIP 的路由器每隔 30 秒就向与其相连的网络广播自己的路由表，收到广播的路由器会将收到的信息与自己的路由表进行比较，判断是否将其中的路由条目加入自己的路由表。

（1）如果收到的路由表中的路由条目是自己的路由表中不存在的，路由器会将该路由条目添加到自己的路由表中。

（2）如果收到的路由表中的路由条目已经存在于自己的路由表中，则比较两条路由条目，当新的路由条目拥有更小的跳数时，用来替换原有路由条目。

（3）如果收到的路由表中的路由条目已经存在于自己的路由表中，并且新的路由条目的跳数大于或等于原路由条目时，则判断两条路由条目是否来自同一路由器，如果是，则使用新路由条目替换原有路由条目并重置自己的更新计时。否则，不更新原有路由条目。

RIP 使用一些计时器来保证它所维持的路由表的有效性与及时性，这些计时器包括路由更新计时、路由无效计时、保持计时器和路由清理时间。

2. RIP 的分类

目前，RIP 共有 3 个版本：RIPv1、RIPv2 和 RIPng。其中 RIPng 应用于 IPv6 的网络环境中，而 RIPv1 和 RIPv2 则应用用于 IPv4 的网络环境中。RIPv1 属于有类路由协议，由于限制较多而逐渐被淘汰。RIPv2 是在 RIPv1 的基础上改进而来，属于无类路由协议。RIPv1 与 RIPv2 两个版本的主要区别如表 6-3 所示。

表 6-3　RIPv1 和 RIPv2 的区别

功能描述	RIPv1	RIPv2
路由器之间的认证	不支持	支持
IP 类别	有类路由协议	无类路由协议
更新中携带子网掩码，支持 VLSM	不支持	支持
更新方式	广播	组播

3. RIP 的缺点

RIP 虽然简单易行，但也存在如下一些缺点。

（1）RIP 以跳数作为度量值，得到的路径有时并非最佳路径。

（2）RIP 允许的跳数最大仅为 15 跳，不适合大型网络。

（3）路由器接收其他任何设备的路由更新，导致可靠性差。

（4）路由器之间的信息交互占用了很多网络带宽。

（5）每隔 30 秒一次的路由信息广播是造成广播风暴的重要原因之一。

6.4.2　OSPF（开放最短路径优先）协议

开放最短路径优先（open shortest path first，OSPF）协议是一种基于链路状态的路由协议，因此也可称为链路状态协议。

1. OSPF 协议的工作原理

对于一个路由器而言，它的链路状态是指这个路由器与哪些路由器相连，以及它们之间链路的度量。OSPF 协议使用带宽、延时、负载、

OSPF 协议

距离和费用等多种因素来考虑度量，度量越小，代价越低。也就是说，链路状态并不包含路由信息，只是表明路由器之间的连接状态。

配置 OSPF 协议的路由器首先必须收集有关的链路状态信息，并根据一定的算法计算出到达其他路由器的最短路径。OSPF 协议采用的算法是 SPF 算法（又称 Dijkstra 算法），

它将每个路由器作为根（ROOT）来计算其到其他目的路由器的距离，每个路由器根据一个统一的链路状态数据库（link state database，LSDB）计算出路由域的拓扑结构图，该结构图类似于一棵树，称为最短路径树。在 OSPF 协议中，最短路径树的树干长度，即配置 OSPF 协议的路由器至其他目的路由器的距离，这个距离又称为 OSPF 协议的开销（Cost）。

配置 OSPF 协议的路由器组建自己路由表的过程如下。

（1）路由器通过组播发送 Hello 包，以此来发现邻居并与其建立邻接关系。这些邻接关系构成的邻居表，是路由器之间进行路由信息交换的前提。

（2）建立好基本邻居表后，路由器比较收到的 Hello 包的优先级，优先级最高的被选举为指定路由器（designated router，DR），次高的为备份指定路由器（backup designated router，BDR）。比较后，网络中所有非指定路由器只能与 DR 和 BDR 形成邻接关系。此时，网络的邻接关系将大大简化。

例如，4 台路由器在选举 DR 和 BDR 之前，两两之间都具有邻接关系，即总共有 6 个邻接关系，整个网络就形成网状的邻接关系，如图 6-20（a）所示。假设选举 Router1 为 DR，Router2 为 BDR，则邻接关系简化为图 6-20（b）。

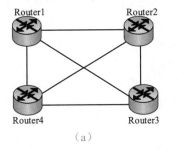
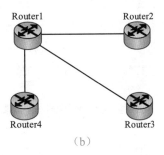

（a）　　　　　　　　　　　　　　　　　　（b）

图 6-20　选举 DR 和 BDR 前后的邻接关系对比

> 提示
> 完成 DR 和 BDR 选举后，如果又有优先级更高的路由器加入到网络中，DR 和 BDR 不变，即不会重新选举。除非 DR 出现故障，则 BDR 随即升为 DR，并且重新选举 BDR；如果 BDR 出现故障，则重新选举 BDR。

（3）建立了邻居表后，路由器将使用链路状态广播（link state advertisement，LSA）与其他路由器交换自己的网络拓扑信息，建立统一的链路状态数据库，从而形成网络拓扑表。在同一个区域中，所有的路由器形成的网络拓扑表都是相同的。

（4）完整的网络拓扑表建立完成后，路由器将使用 SPF 算法从网络拓扑表中计算出最佳路由，并将其添加到自身的路由表中。至此，配置 OSPF 协议的路由器完成自己路由表的组建。

2. OSPF 协议的优点

与 RIP 相比，OSPF 协议具有如下优点。

（1）OSPF 协议虽然也用跳数作为度量值，但其路径开销与链路的带宽相关，不受物理跳数的限制。

（2）OSPF 协议中，只有当网络链路状态发生变化时，路由器才会以组播的形式发送更新的链路状态信息，减少了对网络带宽的占用，提高了系统效率。

（3）OSPF 协议将一个自治系统（AS）划分为区，相应地有两种类型的路由选择方式：当源和目的地在同一区时，采用区内路由选择；当源和目的地在不同区时，则采用区间路由选择。这就大大减少了网络开销，并增加了网络的稳定性。当某个区内的路由器出现故障时，也不会影响其他区路由器的正常工作，这给网络的管理、维护带来了方便。

 知识库

在互联网中，一个自治系统（autonomous system，AS）是一个有权自主决定在本系统中应采用何种路由协议的小型单位。这个单位可以是一个简单的网络，也可以是由一个或多个普通的网络管理员来控制的网络群体。也就是说，AS 是一个单独的可管理的网络单元，如一所大学、一个企业或者一个公司个体。

一个自治系统有时也称为一个路由选择域（routing domain）。每个自治系统将会分配一个全局的唯一的 16 位号码，即自治系统号（ASN）。

（4）OSPF 协议采用的 SPF 算法避免了路由环路的产生。

6.4.3　BGP（边界网关协议）

边界网关协议（border gateway protocol，BGP）是为 TCP/IP 互联网设计的外部网关协议，用于多个自治系统之间。目前使用最多的版本是 BGP-4，简写为 BGP。BGP 既不是基于纯粹的链路状态算法，也不是基于纯粹的距离向量算法。它的主要功能是与其他自治系统的 BGP 交换网络可达信息。各个自治系统可以运行不同的内部网关协议。

两个运行 BGP 的自治系统之间首先建立一条会话连接，然后彼此初始化交换所有 BGP 路由，即整个 BGP 路由表。初始化交换完成后，只有当路由表发生变化时，才会发出 BGP 更新信息，这样有利于节省网络带宽和减少路由器的开销。

内部网关协议（IGP）的功能是完成数据在自治系统内部的路由选择，只作用于本地自治系统内部；而外部网关协议（BGP）的功能是完成数据在自治系统之间的路由选择，只关心自治系统的整体结构，而不必了解每个自治系统内部的拓扑结构。

拓展阅读

中国的北斗，世界的北斗

北斗卫星导航系统（BeiDou navigation satellite system，BDS）是中国着眼于国家安全和经济社会发展需要，自主建设、独立运行的卫星导航系统，也是继 GPS、GLONASS 之后的第三个成熟的卫星导航系统，可在全球范围内全天候、全天时为各类用户提供高精度、高可靠定位、导航、授时服务。

北斗系统提供服务以来，已在交通运输、农林渔业、水文监测、气象测报、通信授时、电力调度、救灾减灾、公共安全等领域得到广泛应用，服务国家重要基础设施，产生了显著的经济效益和社会效益。

卫星导航系统是全球性公共资源，多系统兼容与互操作已成为发展趋势。中国始终秉持和践行"中国的北斗，世界的北斗"的发展理念，服务"一带一路"建设发展，积极推进北斗系统国际合作，与其他卫星导航系统携手，与各个国家、地区和国际组织一起，共同推动全球卫星导航事业发展，让北斗系统更好地服务全球、造福人类。

2020 年 7 月 31 日上午，北斗三号全球卫星导航系统正式开通。截至目前，全球范围内已经有 137 个国家与北斗卫星导航系统签下了合作协议。随着全球组网的成功，北斗卫星导航系统未来的国际应用空间将会不断扩展。

习　题

1. 判断题

（1）双绞线的传输距离一般不超过 100 m。　　　　　　　　　　　　　　（　　）

（2）计算机网络中常用的有线传输介质有光纤、双绞线、同轴电缆和红外线。

（　　）

（3）网桥和路由器分别是通过网络层和数据链路层进行网络互连的。　　（　　）

（4）光纤分为单模光纤与多模光纤两类。　　　　　　　　　　　　　　　（　　）

（5）路由器是构成 Internet 的关键设备。参照 OSI 参考模型，它工作在网络层。

（　　）

（6）二层交换机和三层交换机都工作在数据链路层。　　　　　　　　　　（　　）

（7）与其他传输介质相比，光缆的电磁绝缘性能好，信号衰变小，频带较宽，传输距离较大。　　　　　　　　　　　　　　　　　　　　　　　　　　　　（　　）

（8）路由器工作在数据链路层，其核心作用是实现网络互连。　　　　　（　　）

（9）网络互连不需要采取措施来屏蔽或者容纳不同子网之间在寻址、信息传送、访问控制和连接方式等方面的差异。　　　　　　　　　　　　　　（　　）

（10）交换机和网桥的概念很相似，没有什么本质的差别。　　　　　（　　）

（11）网关用于将两个或多个在传输层以上层次使用不同协议的网络连接在一起。
　　　　　　　　　　　　　　　　　　　　　　　　　　　　　　　　（　　）

（12）RIP 一般适用于规模较小的同构网络。　　　　　　　　　　　（　　）

（13）BGP 的功能是完成数据在自治系统内部的路由选择。　　　　　（　　）

2. 选择题

（1）下列关于光纤特性的描述中，不正确的是（　　　）。

　　A. 光纤是一种柔软、能传导光波的介质

　　B. 光纤通过全反射来传输一束经过编码的光信号

　　C. 多条光纤组成一束，就构成一条光缆

　　D. 多模光纤的性能优于单模光纤

（2）集线器工作在 OSI 参考模型的（　　　）。

　　A. 物理层　　　　　B. 数据链路层　　　　C. 网络层　　　　　D. 高层

（3）下列不属于计算机网络互连设备的是（　　　）。

　　A. 路由器　　　　　B. 双绞线　　　　　　C. 交换机　　　　　D. 网关

（4）要控制网络上的广播风暴，可以采用的手段包括（　　　）。

　　A. 用路由器将网络分段

　　B. 用网桥将网络分段

　　C. 将网络转换成 10BaseT

　　D. 用网络分析仪器跟踪正在发送广播信号的主机

（5）交换机根据（　　　）参数转发数据帧。

　　A. 协议类型　　　　　　　　　　　　B. IP 地址

　　C. 目的 MAC 地址　　　　　　　　　D. 信号类型

（6）网关工作在 OSI 参考模型的高层，一般用于连接（　　　）的网络。

　　A. 不同介质访问方式　　　　　　　　B. 需要选择路径

　　C. 需要进行协议转换的网络　　　　　D. 需要延长网络距离

（7）双绞线是把两根铜导线绞在一起，这样可以减少（　　　）。

　　A. 信号传输时的衰减　　　　　　　　B. 外界信号的干扰

　　C. 信号向外泄漏　　　　　　　　　　D. 信号之间的相互串扰

（8）各种网络在物理层互连时要求（　　　）。

　　A. 数据传输速率和链路协议都相同

　　B. 数据传输速率相同，链路协议可不同

C. 数据传输速率可不同，链路协议相同

D. 数据传输速率和链路协议都可不同

（9）在常用的网络互连介质中，带宽最宽、信息传输衰减最小、抗干扰能力最强的是（　　）。

    A. 双绞线　　　　　B. 红外线　　　　　C. 同轴电缆　　　　　D. 光纤

（10）在设计一个由路由器互连的多个局域网的结构中，要求（　　）。

    A. 物理层协议可以不同，但数据链路层协议必须相同

    B. 物理层、数据链路层协议都必须相同

    C. 物理层协议必须相同，但数据链路层协议可以不同

    D. 数据链路层与物理层协议都可以不同

（11）适合小规模局域网的路由协议是（　　）。

    A. OSPF　　　　　B. RIP　　　　　C. BGP　　　　　D. EGP

（12）RIP 允许的最大跳数为（　　）。

    A. 10　　　　　B. 14　　　　　C. 15　　　　　D. 16

3. 综合题

（1）网络互连介质分为哪几类？每类各有哪些常见介质？

（2）说明中继器、集线器、网桥、二层交换机、三层交换机、路由器和网关各自的主要功能，以及分别工作在 OSI 参考模型的哪一层。

（3）简述三层交换机与路由器的区别。

（4）简述路由器中 IP 数据报的转发过程。

（5）简述路由协议 RIP、OSPF 的工作原理。

（6）设路由器 R1 建立了如下路由表：

目的地址	掩码	下一跳地址（转发地址）
128.96.39.0	255.255.255.128	接口 0
128.96.39.128	255.255.255.128	接口 1
128.96.40.0	255.255.255.128	R2
192.4.153.0	255.255.255.192	R3
*（默认）		R4

现共收到 5 个分组，试根据其目的地址分别计算其下一跳地址（转发地址）。

① 128.96.39.10。

② 128.96.40.12。

③ 128.96.40.151。

④ 192.4.153.17。

⑤ 192.4.154.90。

第 7 章
Internet 基础与应用

 章首导读

Internet 也称国际互联网，是目前世界上最大的计算机网络，它连接了几乎所有的国家和地区。从应用角度来看，Internet 是一个世界规模的信息和服务资源网站，它能够为每一个 Internet 用户提供丰富的信息和其他相关的服务。

本章着重介绍与 Internet 相关的一些概念、技术、服务与应用。

 学习目标

- 了解 Internet 的层次结构和特点。
- 理解 DNS 的概念和域名结构。
- 掌握域名解析的原理及过程。
- 掌握 WWW 服务的相关概念和工作过程。
- 掌握文件传输服务的工作过程、工作方式和传输模式。
- 掌握电子邮件服务的相关概念和工作过程。

 素质目标

- 感受科技的发展，增强民族自豪感和自信心。
- 充分运用网络技术解决实际问题，为今后能够迅速适应社会需要打好基础。

7.1 Internet 概述

Internet 又称因特网，它组建的最初目的是为研究部门和大学服务的，便于研究人员和学者探讨学术方面的问题，因此有科研教育网（或国际学术网）之称。进入 20 世纪 90 年代，Internet 开始向社会开放，大量人力和财力的投入使得 Internet 得到迅速的发展，成为企业生产、制造、销售、服务和人们日常工作、学习、娱乐中不可缺少的一部分。

Internet 是由成千上万个不同类型、不同规模的计算机网络通过路由器互连在一起的开放的全球性网络。由于网络互连的最主要的设备是路由器，因此，也有人称 Internet 是用传输媒体连接路由器形成的网络。

为了便于管理，Internet 采用了层次网络的结构，即采用主干网、中间层网和底层网逐级覆盖的结构，如图 7-1 所示。

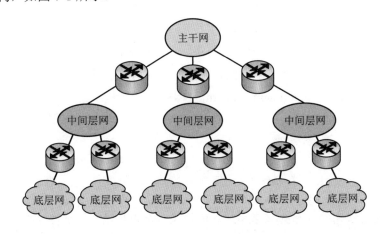

图 7-1　Internet 的层次结构

◆　主干网：由代表国家或者行业的有限个中心节点通过专线连接形成。我国的四大主干网包括中国公用计算机网互联网（ChinaNet）、中国教育与科研网（CERNet）、中国科技网（CSTNet）和中国金桥信息网（ChinaGBN）。

◆　中间层网：由若干个作为中心节点的代理——次中心节点组成，如教育网各地区网络中心、电信网各省互联网中心等。

◆　底层网：包括直接面向用户的网络，如校园网、企业网。

Internet 作为一种计算机网络，有其自身的特点。

（1）Internet 是由许许多多属于不同国家、部门和机构的网络互连起来的网络，任何运行 Internet 协议（TCP/IP 协议簇）且愿意接入 Internet 的网络都可以成为 Internet 的一部分。

（2）Internet 是世界规模的信息和服务资源网站，蕴含的内容异常丰富。Internet 中的用户可以共享 Internet 的资源，用户自身的资源也可向 Internet 开放。

（3）Internet 不属于任何个人、企业和部门，也没有任何固定的设备和传输媒体。但是它本身以自愿的方式组织了一个结构，即国际互联网协会（Internet society，ISOC）。ISOC是一个非政府、非营利的互联网组织，在推动互联网全球化、加快网络互连技术、发展应用软件、提高互联网普及率等方面发挥着重要的作用。

（4）Internet 的成员可以自由地退出 Internet，没有任何限制。

7.2 DNS 服务

DNS 服务

　　由前面学到的知识可知，IP 地址是 Internet 上主机的唯一标识，直接利用 IP 地址就可以访问 Internet 上的主机。但是，用户一般很难记住由一串数字组成的 IP 地址，如 "113.46.13.129"。在这种情况下，研究人员提出了域名的概念。域名类似于 Internet 上的门牌号码，是用于识别和定位 Internet 上主机的层次结构式字符标识，与该主机的 IP 地址相对应。域名通常与实际含义相关，非常有利于用户记忆和使用。

　　为了兼顾二者的使用，网络中需要有相应的能够对域名和 IP 地址进行转换的服务，这就依赖于域名系统（domain name system，DNS）。

7.2.1 DNS 的域名结构

1. 域名结构和主机域名

　　DNS 采用层次化的分布式名字系统，可看成一个树状结构，如图 7-2 所示。整个树状结构称为域名空间，其中的节点称为域。域可以划分子域，子域还可以继续划分子域，这样就形成了层次化的域名结构。

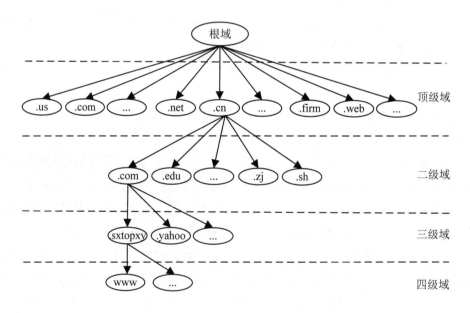

图 7-2　DNS 的域名结构

树状结构的顶层是一个根域（root domain）。根域下的一层为顶级域名，包括了地理顶级域名、类别顶级域名和新增顶级域名 3 类，这也是 Internet 上域名体系中的三大类。其中，地理顶级域名是通过地理区域来划分的，常用的地理顶级域名可参考表 7-1。常用的类别顶级域名可参考表 7-2。随着互联网的不断发展，新的顶级域名也根据实际需要不断被扩充到现有的域名体系中来，如表 7-3 所示。

表 7-1　常用的地理顶级域名　　表 7-2　常用的类别顶级域名　　表 7-3　部分新增顶级域名

域　名	国家或地区
.ru	俄罗斯
.au	澳大利亚
.kr	韩国
.uk	英国
.fr	法国
.jp	日本
.us	美国

域　名	机构类型
.gov	政府机构
.edu	教育机构
.int	国际组织
.mil	军事部门
.com	商业机构
.net	网络中心
.org	社会组织、专业协会

域　名	机构类型
.aero	与航空相关的网站
.biz	商业领域
.museum	博物馆
.name	个人域名
.pro	专业人士和组织
.info	网络信息服务
.coop	商业合作社

> **提示**　　在图 7-2 中，顶级域名下一层为二级域名，再下层为三级域名，依次类推。当然，总的层次并不是无限制的，最多不能超过五级。

主机域名的排列原则和域名结构相反，是将低层域名排在前面，而将它们所属的高层域名紧跟在后面。因此，主机域名格式为

四级域名.三级域名.二级域名.顶级域名

例如，"software.fudan.edu.cn"域名中的每个单词依次表示软件学院、复旦大学、教育机构与中国，完整表示就是中国复旦大学软件学院的主机。

主机域名可以唯一标识 Internet 中的一台设备。例如，东南大学的 Web 服务器名为 www，东南大学的域名为 seu.edu.cn，这台 Web 服务器处在 seu.edu.cn 域中的，则它的域名地址为 www.seu.edu.cn。这种表示方式我们称为完全合格域名/全称域名（fully qualified domain name，FQDN）。FQDN 是指主机名加上全路径，全路径中列出了序列中所有域成员，可以从逻辑上准确地表示出主机在什么地方，也可以说全域名是主机名的一种完全表示形式，从全域名中包含的信息可以看出主机在域名树中的位置。

2. 我国的域名结构

我国域名结构的前三级域名规定如下。

（1）我国在国际互联网络信息中心（InterNIC）正式注册并运行的域名为.cn，这也是我国的顶级域名。

（2）在顶级域名之下，我国的二级域名又分为类别域名和行政区域名两类。

◆ 类别域名：共 6 个，包括用于科研机构的.ac，用于工商金融企业的.com，用于教育机构的.edu，用于政府部门的.gov，用于互联网络信息中心和运行中心的.net 以及用于非营利组织的.org。

◆ 行政区域名：共有 34 个，分别对应于我国各省、自治区、直辖市和特别行政区。

（3）三级域名用字母（A～Z，a～z，大小写等同）、数字（0～9）和连接符（—）组成，各级域名之间用实点（.）连接，三级域名的长度不能超过 20 个字符。

7.2.2 域名解析

DNS 提供的服务就是实现域名和 IP 地址的映射，即域名解析。域名解析包含两个方面的内容：将域名转换为 IP 地址和将 IP 地址映射到域名。

1. 域名服务器

从用户的角度看，DNS 就像一个"黑盒子"，域名解析可以理解为以某个域名向 DNS 提出请求，然后 DNS 返回对应的 IP 地址。实现这一域名解析过程的设备称为域名服务器。域名服务器（domain name server，DNS）也称名称服务器，实际上就是装有域名系统的主机，用于实现域名地址的维护，保证主机域名地址在 Internet 中的唯一性。

网络中域名与 IP 地址信息量极其庞大，不可能由一个或几个域名服务器实现全部的解析过程，并且这样的方式也容易产生一系列问题，如单点失效、网络中数据通信流量无法平衡、远距离通信难度大，以及维护工作量庞大等。基于这些实际情况，DNS 的实现必须依赖于众多域名服务器，它们分布于互联网中，并且以层次化的结构组织起来。

大致可以将域名服务器分为以下三大类：

（1）本地域名服务器。本地域名服务器通常指互联网服务提供商 ISP，如电信、联通等，也称为默认域名服务器。一般本地域名服务器离用户较近。

（2）根域名服务器。根域名服务器管辖顶级域。目前 Internet 中有十几个根域名服务器，大多数位于北美。

（3）授权域名服务器。Internet 中的每一个域名都是向某个授权域名服务器注册过的，因此可以把授权域名服务器定义为总是能够把一个域名映射到对应的 IP 地址的域名服务器。

2. 域名解析的过程

域名解析的过程其实就是查询的过程。

（1）当网络中的一台主机（客户机）有域名解析的需要时，它首先向本地域名服务器发出查询请求。如果目的主机与客户机处于同一管理域中，则本地域名服务器就检查域名地址，并将解析出的 IP 地址返回给客户机。

（2）若本地域名服务器无法为客户机解析域名，该服务器本身就会以 DNS 客户机的身份向根域名服务器提出查询请求，如果根域名服务器中有记录就将其返回本地域名服务器；如果没有对应的记录，则根域名服务器继续向其他授权域名服务器提出查询请求。

（3）若授权域名服务器查找到上述域名对应的 IP 地址，它就能把该映射信息反馈给根域名服务器，然后通过本地域名服务器反馈给提出查询请求的主机。

> **提示**　很多域名服务器既是本地域名服务器，同时也是授权域名服务器。

假设在某网络中，本地域名服务器为 dns.eure.com.fr，主机 surf.eure.com.fr 需要查询域名 gaia.cs.umass.edu（授权域名服务器为 dns.cs.umass.edu）对应的 IP 地址，过程如图 7-3 所示。

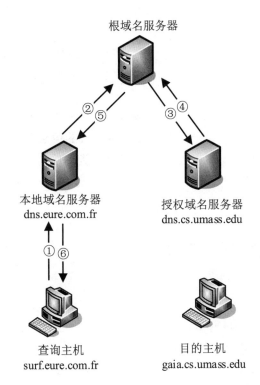

图 7-3　域名解析的过程

① 主机 surf.eure.com.fr 首先向它的本地域名服务器 dns.eure.com.fr 发送查询请求，该请求包含需要映射到 IP 地址的域名 gaia.cs.umass.edu。

② 由于目的主机和查询主机不在同一个管理域中，所以本地域名服务器把查询请求转发给根域名服务器。

③ 根域名服务器自上而下查找 umass.edu 所对应的授权域名服务器 dns.cs.umass.edu，并将查询请求转发给该授权域名服务器。

④ 授权域名服务器将相应的域名与 IP 地址映射信息发送给根域名服务器。

⑤ 根域名服务器将收到的映射信息发送给本地域名服务器。

⑥ 本地域名服务器将收到的映射信息发送给查询主机。

在上述域名解析过程中，总共发送了 6 条 DNS 信息：3 条查询请求和 3 条查询应答。这种查询方式称为递归查询。也就是说，当域名服务器 A 向域名服务器 B 提出递归查询请求，域名服务器 B 代表域名服务器 A 再把这个查询请求递交给其他域名服务器，其他域名服务器也依次执行下去，直到收到查询响应以后再反馈给域名服务器 A。

另外，DNS 还引入了高速缓存技术，大大降低了查询开销。高速缓存的思想也很简单：当域名服务器收到一条域名与 IP 地址的映射信息后，将其在查询链上转发的同时还会存放在本地存储器（磁盘或 RAM）。当这个域名服务器下次再收到相同的查询请求时，它就可以直接把查询的结果返回给查询主机，即便它本身不是授权服务器。有了高速缓存之后，域名服务器收到查询请求时都要先查询本地的缓存。当然，本地缓存中的记录是要更新的。

7.3　WWW 服务

WWW（world wide web）服务，又称 Web 服务，是 Internet 上广泛应用的一种信息服务。它是一种基于超文本方式的信息查询服务，提供交互式图形界面，具有强大的信息连接功能，使得成千上万的 Internet 用户通过简单的图形界面就可以访问 Internet 上的最新信息和各种服务。

WWW 服务

7.3.1　WWW 服务的相关概念

1. HTML 和 Web 页面

WWW 也称万维网，是目前 Internet 上最方便和最受用户欢迎的信息服务系统。它是一个容纳各种类型信息的集合，其信息主要以 HTML（hypertext markup language，超文本标记语言）编写的文本形式（称为 Web 页面）为主，分布在世界各地的 Web 服务器上。

"超文本"就是指它的信息组织形式不是简单地按顺序排列，而是用由指针链接的复杂的网状交叉索引方式，对不同来源的信息加以链接。可以链接的信息形式有文本、图像、动画、声音或影像等，而这种链接关系则称为"超链接"。WWW 采用超文本的信息组织方式，将信息的链接扩展到整个 Internet 上。

超文本标记语言 HTML 是一种定义信息表现方式的格式，它告诉 WWW 浏览器如何显示文字和图形图像等各种信息以及如何进行链接等。实际上，HTML 就是 WWW 上用于创建和制作 Web 页面的文本语言，通过它可以设置文本的格式、网页的色彩、图像与超文本链接等内容。

Web 服务获得的信息以 Web 页面的形式显示在用户屏幕上。Web 页面（web page）也称为 Web 文档，是一个按照 HTML 格式组织起来的文件，可以由多个对象构成。这些对象可以是 HTML 文件、JPG 图像、GIF 图像、JAVA 应用程序、语音片段等多种形式。大多数 Web 页面由单个基本 HTML 文件和若干个所引用的对象构成。

2.　URL

WWW 使用统一资源定位符（URL）来定位信息所在的位置。URL 是一种标准化的命名方法，它提供一种 Web 页面地址的寻找方式。对于用户来说，URL 是一种统一格式的 Internet 信息资源地址表达方法，它将 Internet 提供的各种服务统一编址。用这种方式标记信息资源时，不仅要指明信息文件所在的目录和文件名本身，而且要指明它存在于网络上的哪一台主机上，以及可以通过何种方式访问它，甚至在必要时还要说明它具有的比普通文件对象更为复杂的属性。

URL 由三部分组成：第一部分表示访问信息的方式或使用的协议，如 FTP 表示使用文件传输协议进行文件传输；第二部分表示提供服务的主机名及主机名上的合法用户名；第三部分是所访问主机的端口号、路径或检索数据库的关键词等。因此，URL 的一般形式为

访问方式或协议：//<主机名和用户名>/<端口号、路径或关键词>

例如，https://baike.baidu.com/item 就是一个 URL。

基本 HTML 文件使用相应的 URL 来引用本页面的其他对象，每个 URL 由存放该对象的服务器主机名和该对象的路径名两部分构成。例如，在如下的 URL 中：

www.someSchool.edu/someDepartment/picture.gif

www.someSchool.edu 是主机名，someDepartment/picture.gif 是路径名。

3.　浏览器/服务器模式（B/S 模式）

Web 服务以浏览器/服务器（B/S）模式工作。B/S 模式是在 C/S 模式的基础上发展起来的，一方面继承和融合了 C/S 模式中的网络软硬件平台和应用，另一方面又具有自身独特的优点。

浏览器是 Web 服务的用户代理，用户使用浏览器来浏览和解释 Web 文本，然后通过 Web 页面的形式获取信息。可以说，浏览器就是 Web 服务的客户程序。目前，最为流行的浏览器是微软的 Internet Explorer（IE）。

Web 服务器整理和储存各种 Web 资源，响应客户程序软件的请求，把所需的信息资源通过浏览器传送给用户。目前，较为流行的 Web 服务器有 Apache 和微软的 Internet Information Services（IIS）等。

4. HTTP

Web 服务的浏览器和服务器之间的信息交换使用超文本传输协议（hypertext transfer protocol，HTTP）。基于 HTTP 的万维网实际上是一个大规模的、在线式的信息仓库，是一个支持交互式访问的分布式超媒体系统。

HTTP 是 Web 服务的核心，运行在不同端系统上的客户程序和服务器程序通过交换 HTTP 消息进行交流。HTTP 定义这些消息的结构及客户和服务器之间如何交换这些消息。

7.3.2 WWW 服务的工作过程

HTTP 通信建立在 TCP 连接上，默认的 TCP 端口是 80。它定义了浏览器如何从 Web 服务器请求 Web 页面，以及服务器如何把 Web 页面传送给浏览器。当用户请求一个 Web 页面（如点击某个超链接）时，浏览器把请求该页面中各个对象的 HTTP 请求消息发送给服务器。服务器收到请求后，以传送含有这些对象的 HTTP 响应消息作为响应。

图 7-4 展示了这种"请求—响应"行为，无论是运行 Firefox 浏览器的主机还是运行 IE 浏览器的主机，都可以通过这种方式向 Web 服务器请求 Web 页面。

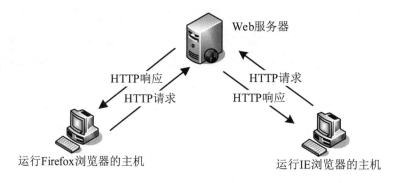

图 7-4　HTTP 请求与响应

7.4　文件传输服务

文件传输协议（file transfer protocol，FTP）用于实现计算机之间的文件传输，它的主要作用就是让用户连接上一个运行着 FTP 服务器程序的远程计算机，实现既可以查看远程计算机有哪些文件，也可以把文件从远程计算机上下载到本地计算机，或把本地计算机的文件上传到远程计算机的功能。使用 FTP 时，用户无需关心对应计算机的位置及其使用的文件系统。

FTP 服务

> **提示**　使用 FTP 时，用户经常遇到两个概念：上传和下载。上传就是指将文件从本地计算机发送到 FTP 服务器上；下载就是指将文件从 FTP 服务器拷贝到本地计算机上。

7.4.1　FTP 的工作过程

FTP 使用的是 TCP 端口 21 和 20。在进行通信时，客户端需要与服务器建立两个 TCP 连接：一个与服务器 21 号端口建立连接，用于发送和接收控制信息；另一个与服务器的 20 号端口建立连接，用于数据传输，如图 7-5 所示。FTP 使用一条独立的连接传输控制信息，这种方式称为"带外传输"。

使用 FTP 时，要求用户在两台计算机上都具有自己的或者可用的账号。但为了支持文件的共享，有些 FTP 服务器提供了匿名 FTP 服务。用户在对应的主机上可以采用公共的账号"anonymous"，口令一般使用自己的电子邮件地址，以便匿名 FTP 服务器的管理人员知道谁在使用系统，并且可以方便地与用户取得联系。匿名 FTP 服务主要用于下载公共文件，如共享文件、软件升级文件、用户手册等。

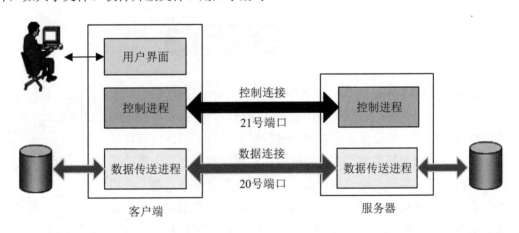

图 7-5　FTP 的工作过程

7.4.2　FTP 的工作方式

FTP 支持两种工作方式：port（主动）方式和 pasv（被动）方式。

（1）port（主动）方式：客户端向服务器的 21 号端口发送连接请求，服务器接受连接，建立一条控制连接。当需要传送数据时，服务器从 20 号端口向客户端的空闲端口发送连接请求，建立一条数据连接来传送数据。

（2）pasv（被动）方式：客户端向服务器的 21 号端口发送连接请求，服务器接受连接，建立一条控制连接。当需要传送数据时，客户端向服务器的空闲端口（也叫自由端口，端口号大于 1 023 且小于 65 535）发送连接请求，建立一条数据连接来传送数据。

两种方式各有优缺点：port（主动）方式对 FTP 服务器的管理有利，但服务器主动连接客户端的操作可能遭到客户端防火墙的拦截；pasv（被动）方式对 FTP 客户端的管理有利，但客户端主动访问服务器的高位随机端口可能遭到服务器防火墙的拦截。

7.4.3　FTP 的传输模式

FTP 的传输有两种模式：ASCII 传输模式和二进制数据传输模式。

（1）ASCII 传输模式：如果用户正在拷贝的文件包含的是简单的 ASCII 码文本，那么文件传输时，FTP 通常会自动调整文件的内容，以便把文件解释成目的主机存储文件的格式。

（2）二进制传输模式：如果用户正在传输的文件包含的不是文本文件，而是程序、数据库、字处理文件或者压缩文件等，那么在拷贝这些文件之前，需要使用 binary 命令告诉 FTP 逐字拷贝，不要对这些文件进行处理，保存文件的位序，以便原始文件和拷贝文件逐位一一对应。

7.5　电子邮件服务

电子邮件（electronic mail，E-mail）是 Internet 应用最广的一种服务。通过电子邮件系统，用户可以用非常低廉的价格，以非常快速的方式与世界上任何一个角落的网络用户进行联系。电子邮件内容可以是文字、图像、声音等各种形式。同时，用户可以得到大量免费的新闻、专题邮件，并实现轻松的信息搜索。这是任何传统方式都无法相比的。正是由于其使用简易、投递迅速、收费低廉、易于保存、全球

E-mail 服务

畅通无阻等特点，电子邮件得到广应用，也使得人们的交流方式得到了极大的改变。

7.5.1　电子邮件服务的相关概念

1. 用户代理

用户代理（user agent，UA）通常是一个用来发送和接收邮件的程序，主要功能如下。

◆ 发送邮件：为用户准备报文、创建信封，并将报文装进信封，暂存起来。

◆ 接收邮件：定期检查邮箱，有新邮件时就向用户发出通知；用户读取邮件时为用户显示邮件清单等。

2. 邮件服务器

邮件服务器是处理邮件交换的软硬件设施的总称，包括电子邮件程序、电子邮箱等，是为用户提供电子邮件服务的电子邮件系统。一方面，邮件服务器负责接收用户送来的邮件，并根据收件人地址发送到对方的邮件服务器中；另一方面，它负责接收由其他邮件服务器发来的邮件，并根据收件人地址分发到相应的电子邮箱中。

3. 电子邮件地址

每个使用电子邮件服务的用户都会有一个电子邮件地址，用于收发和查看电子邮件。电子邮件地址的典型格式为

<用户字符组合或代码>@<服务供应商>

其中，@是"at"的意思，@之前是用户选择的代表自己的字符组合或代码，@之后是为用户提供电子邮件服务的服务供应商名称。例如，wyq@163.com 就是一个合法的电子邮件地址。

4. 邮件传输协议

电子邮件服务遵从客户/服务器（C/S）的工作模式，其程序包括客户端程序和服务器程序。

◆ 客户端程序：是指用户处理电子邮件时所使用的程序，如 Foxmail、Outlook 或 IE 浏览器等。

◆ 服务器程序：通常不能由用户启动，而是一直在系统中运行。它一方面负责接收 E-mail，另一方面负责把收到的 E-mail 发送出去，以实现邮件交换。

由此可以看出，对邮件服务器而言，包含收邮件和发邮件两种不同的任务，涉及多个不同的协议：简单邮件传输协议（simple mail transfer protocol，SMTP）、邮局协议（post office protocol，POP）和互联网邮件访问协议（internet mail access protocol，IMAP）。

◆ SMTP：是 Internet 上传输电子邮件的标准协议，用于提交和传送电子邮件。SMTP 通常用于把电子邮件从客户端传输到邮件服务器上，或从某一邮件服务器传输到另一个邮件服务器上。Internet 中，大部分电子邮件由 SMTP 发送。

◆ POP：是一个离线协议，支持离线邮件处理。当电子邮件到达邮件服务器后，客户端会调用电子邮件客户端程序，从邮件服务器中下载所有未阅读的电子邮件（这种离线访问模式是一种存储转发服务）。此后，用户就可以在自己的计算机上处理这些邮件了。目前使用最多的是 POP 的第 3 个版本，即 POP3。

◆ IMAP：提供在线、离线和断线 3 种操作模式，允许用户在不同的地方使用不同的计算机随时查看和处理自己的邮件，甚至还允许用户只读取邮件中的某一部

分。但是在用户未进行删除该邮件的操作之前，邮件一直保存在 IMAP 服务器上。因此，用户需要经常与 IMAP 服务器建立连接。

7.5.2 电子邮件服务的工作过程

电子邮件不同于传统的信件，但它的工作原理又和传统信件的处理流程有相似之处。电子邮件的发送主要涉及 3 个步骤，如图 7-6 所示。

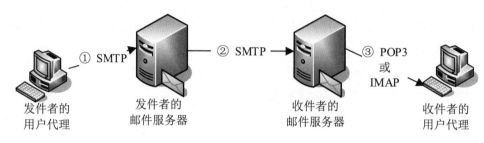

图 7-6　电子邮件的工作过程

① 当用户将 E-mail 输入计算机并开始发送时，计算机会将信件"打包"，然后发送到发件者所属服务供应商的邮件服务器上，这就相当于我们平时将信件投入邮筒后，邮递员按照地区进行取信。这个通信过程遵循 SMTP。因此发件者的邮件服务器又称为 SMTP 邮件服务器。

② 邮件服务器根据注明的收件人地址，按照网上传输的情况，寻找一条最不拥挤的路径，将邮件传输到下一个邮件服务器。接着，这个邮件服务器也实行同样的操作，将信件传输给其他邮件服务器。依次循环下去，直到 E-mail 被传送到收件者的邮件服务器上，并保存在该服务器上的用户电子邮箱信箱中。这个过程依然遵从 SMTP，并且采用存储转发的方式，这也是 SMTP 的一大特点。

③ 收件者通过与邮件服务器的连接从电子邮箱中读取自己的 E-mail。这一步相当于信件已经被传送到了个人信箱中，用户打开信箱就可以读取信件了。这个过程遵从 POP3 或 IMAP。

卓 越 创 新

1987 年 9 月，CANET（中国学术网）在北京计算机应用技术研究所内正式建成中国第一个国际互联网电子邮件节点，并于 9 月 14 日发出了中国第一封电子邮件："Across the Great Wall we can reach every corner in the world.（越过长城，走向世界）"，揭开了中国人使用互联网的序幕。

时任中国兵器工业计算机应用研究所所长李澄炯是这封邮件的参与者。他曾在接受采访时说："之所以选择'越过长城，走向世界'这句话，是因为当时国内正在进行改革开放，我们想要传达中国人要走出去、向世界问好的想法。"当时，人们并不知道，互联网时代已经悄然来临，并将在多年后如此深刻地影响中华大地，融入到我们生活的方方面面。

　　距离中国第一封电子邮件的发出，已经过去了 30 多年。随着在国内的漫长发展，电子邮件也形成自身的特色。30 多年来，电子邮件贯穿于我们的生活，更是成为我们工作及其他需要正式沟通场合的交流主轴。

拓展阅读

中文域名已在互联网世界开拓出自己的天地

　　创建域名是为了将网络搜索用语变得更加通俗易懂，由于技术限制和长久实践，域名使用 ASCII 字符已成为惯用标准。但随着互联网的快速发展，域名资源的供给逐渐紧张。中文域名的推出，扩大了有限的域名资源空间，也为网络强国提供了坚实基础。

　　据悉，国际顶级中文域名".网址"于 2011 年被列入互联网名称与数字地址分配机构首批中文域名申请名录。2014 年 4 月，".网址"入根国际申请完成所有评审环节，正式写入全球互联网根域，成为新通用顶级域名的一份子。

　　事实上，".网址"域名凭借资源丰富、品牌直观、记忆简单、输入简便等特点一经开放注册就受到市场的关注和追捧。第三方权威统计机构数据显示，开放注册仅四个月，".网址"域名保有量已突破 5.7 万；2016 年 1 月，".网址"域名全球注册量达到 35 万，稳居全球第一大新增中文通用顶级域名。

　　"经过多方力量近 20 年的持续努力，中文域名从无到有，从小到大，在英文字母独占的互联网世界中开拓出了自己的一片天地。"中科院计算机网络信息中心主任廖方宇表示，"随着中文域名的进一步推广普及和应用，必将有力推动'网络强国'的早日实现。"

习　题

1. 判断题

（1）Internet 采用了主干网、中间层网和底层网逐级覆盖的层次网络结构。　（　　）

（2）域名解析包含两个方面：将域名转换为 IP 地址和将 IP 地址映射到域名。　（　　）

（3）WWW 服务采用的是客户/服务器（C/S）模式。　　　　　　　　　（　　）

（4）FTP 使用的是 TCP 端口 21 和 23。　　　　　　　　　　　　　　（　　）

（5）电子邮件地址格式一般为：＜用户名＞@＜电子邮件服务器域名＞。　（　　）

2. 选择题

（1）下列域名格式中，不正确的是（　　）。

　　A．www.0898.net　　　　　　　　B．www@com.cn

　　C．www.edu_haha.com　　　　　　D．www.hahahaha.net

（2）Internet 上专门用于传输文件的协议是（　　）。

　　A．FTP　　　　　　　　　　　　B．HTTP

　　C．NEWS　　　　　　　　　　　D．SMTP

（3）下列关于电子邮件的说法中，不正确的是（　　）。

　　A．发送的信息可包括文本、语音、图像、图形等

　　B．可向多个收件人发送相同的消息

　　C．可发送一条由计算机程序自动应答的消息

　　D．不可能携带计算机病毒

（4）在 IE 浏览器中输入 IP 地址 202.196.200.23，可以浏览相应的网站，但是当输入该网站的域名 www.xcind.com 时却发现无法访问，可能的原因是（　　）。

　　A．本机的 IP 设置不对　　　　　　B．该网络在物理层存在问题

　　C．该网络的交换机设置存在问题　　D．该网络未能提供域名服务

（5）已知 FTP 服务器的 IP 地址为 210.67.101.3，登录的用户名为"KITE"，端口号为 23。通过 FTP 方式实现登录时，正确的输入应为（　　）。

　　A．ftp://210.67.101.3　　　　　　B．ftp://210.67.101.3:KITE

　　C．ftp://210.67.101.3/KITE:23　　D．ftp://210.67.101.3:23

（6）Internet 上每一个 Web 页面都有一个独立的地址，这些地址称为统一资源定位符，即（　　）。

　　A．URL　　　　B．WWW　　　　C．HTTP　　　　D．USL

（7）计算机域名的顶级域名表示地区或组织性质。其中，（　　）代表政府机关。

    A．gov
                     B．cn

    C．com
                     D．edu

（8）电子邮件服务使用的传输协议是（　　）。

    A．HTTP
                    B．Telnet

    C．SMTP
                    D．FTP

（9）DNS 可以实现（　　）的映射。

    A．IP 地址和 MAC 地址
          B．域名和 IP 地址

    C．TCP 名字和地址
          D．主机名和传输层地址

（10）把邮件服务器上的邮件读取到本地硬盘中，可使用的协议是（　　）。

    A．SMTP
                    B．POP3

    C．SNMP
                    D．HTTP

3．综合题

（1）简单介绍 Internet 的层次结构。

（2）DNS 的作用是什么？DNS 如何提供域名解析？

（3）列举现今 Internet 中最常用的几种服务。

（4）简述 WWW 服务的工作过程。

（5）文件传输服务的"带外传输"是什么意思？

（6）简述电子邮件服务的工作过程。

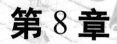

第 8 章

网络安全

章首导读

计算机网络的飞速发展已经大大改变了人们的生活方式，它在给人们带来便利的同时，其本身的开放性和共享性也对网络安全提出了严峻的挑战，网络安全问题已成为全世界都在关注的问题。由于网络安全是另一门专业学科，所以本章只对网络安全的基本内容及常用技术进行简单的介绍。

学习目标

- ✍ 了解网络安全的含义、特点和内容。
- ✍ 了解网络面临的安全威胁。
- ✍ 了解数据加密技术和数字签名技术。
- ✍ 了解防火墙技术和防病毒技术。

素质目标

- ✍ 提高网络安全意识，勇于承担维护网络安全的责任。
- ✍ 自觉遵守相关法律法规及道德与伦理准则，提高自身社会责任感。

8.1　网络安全概述

随着计算机技术和通信技术的高速发展，网络的开放性、互连性、共享性程度的扩大，网络的安全问题也日趋严重。

8.1.1　网络安全的含义和特点

1. 网络安全的含义

网络安全是指网络系统的硬件、软件及数据受到保护，不遭受偶然的或者恶意的破坏、更改、泄露，系统能够连续、可靠、正常地运行，网络服务不中断。从本质上讲，网络安全问题主要就是网络信息的安全问题。凡是涉及网络上信息的保密性、完整性、可用性、真实性和可控性的相关技术和理论，都是网络安全的研究领域。

网络安全的具体含义会随着"角度"的变化而变化。例如，从用户（个人、企业等）的角度来说，他们希望涉及个人隐私或商业利益的信息在网络上传输时受到机密性、完整性和真实性的保护，避免其他人窃听、冒充、篡改和抵赖；从管理者角度来说，他们希望对本地网络信息的访问、读写等操作受到保护和控制，避免出现"陷门"、病毒、非法存取、拒绝服务和网络资源非法占用和非法控制等威胁，制止和防御网络黑客的攻击。

 知识库

我国自 2017 年 6 月 1 日起正式实施的《中华人民共和国网络安全法》中也对网络安全赋予了更加明确的定义：网络安全是指通过采取必要措施，防范对网络的攻击、侵入、干扰、破坏和非法使用及意外事故，使网络处于稳定可靠运行的状态，以及保障网络数据的完整性、保密性、可用性的能力。

2. 网络安全的特点

概括起来，一个安全的计算机网络应具有以下特征。

（1）完整性：指网络中的信息安全、精确和有效，不因种种不安全因素而改变信息原有的内容、形式和流向，确保信息在存储或传输过程中不被修改、破坏或丢失。

（2）保密性：指网络上的保密信息只供经过允许的人员以经过允许的方式使用，信息不泄露给未授权的用户、实体或过程，或被其利用。

（3）可用性：指网络资源在需要时即可使用，不因系统故障或误操作等使资源丢失或妨碍对资源的使用。

（4）不可否认性：指面向通信双方信息真实统一的安全要求，包括收发双方均不可抵赖。

（5）可控性：指对信息的传播及内容具有控制能力。

8.1.2 网络面临的安全威胁

安全威胁是某个人、物、事或概念对某个资源的机密性、完整性、可用性和合法性等造成的危害。目前，网络面临的安全威胁主要有以下几个方面。

1. 黑客的恶意攻击

"黑客（Hacker）"是一群利用自己的技术专长专门攻击网站和计算机而不暴露身份的计算机用户。事实上，黑客中的大部分人不伤害别人，但是也会做一些不应该做的事情；小部分黑客不顾法律与道德的约束，由于寻求刺激、被非法组织收买或对某个企业、组织存有报复心理，而肆意攻击与破坏一些企业、组织的计算机网络，这部分黑客对网络安全有很大的危害。由于现在还缺乏针对网络犯罪卓有成效

黑客

的反击和跟踪手段，使得黑客们善于隐蔽，攻击"杀伤力"强，这是网络安全的主要威胁。

2. 计算机网络系统的漏洞与缺陷

计算机网络系统的运行一定会涉及计算机硬件与操作系统、网络硬件与软件、数据库管理系统、应用软件，以及网络通信协议等。这些计算机硬件与操作系统、应用软件等都会存在一定的安全问题，它们不可能是百分之百无缺陷或无漏洞的。TCP/IP 协议簇是 Internet 使用的基本协议，其中也能找到被攻击者利用的漏洞。这些缺陷和漏洞恰恰是黑客进行攻击的首选目标。

3. 网络信息安全保密问题

网络中的信息安全保密主要包括两个方面：信息存储安全与信息传输安全。信息存储安全是指保证存储在联网计算机中的信息不被未授权的网络用户非法访问。非法用户可能通过猜测或窃取用户口令的办法，或是设法绕过网络安全认证系统冒充合法用户，来查看、修改、下载或删除未授权访问的信息。

信息传输安全是指保证信息在网络传输过程中不被泄露或攻击。信息在网络传输中被攻击可以分为 4 种类型：截获信息、窃听信息、篡改信息和伪造信息。其中，截获信息是指信息从源节点发出后被攻击者非法截获，而目的节点没有接收到该信息的情况；窃听信息是指信息从源节点发出后被攻击者非法窃听，同时目的节点接收到该信息的情况；篡改信息是指信息从源节点发出后被攻击者非法截获，并将经过修改的信息发送给目的节点的情况；伪造信息是指源节点并没有信息发送给目的节点，攻击者冒充源节点将信息发送给目的节点的情况。

4．网络病毒

病毒对计算机系统和网络安全造成了极大的威胁，它在发作时通常会破坏数据，使软件工作不正常或瘫痪；有些病毒的破坏性更大，它们甚至能破坏硬件系统。随着网络的使用，病毒传播的速度更快，范围更广，造成的损失也更加严重。

5．网络内部安全问题

除了上述可能对网络安全构成威胁的因素，还有一些威胁主要是来自网络内部。例如，源节点用户发送信息后不承认，或是目的节点接收信息后不承认，即出现抵赖问题。又例如，合法用户有意或无意做出对网络安全有害的行为，这些行为主要包括：有意或无意泄露网络管理员或用户口令；违反网络安全规定，绕过防火墙私自与外部网络连接，造成系统安全漏洞；超越权限查看、修改与删除系统文件、应用程序与数据；超越权限修改网络系统配置，造成网络工作不正常；私自将带有病毒的磁盘等拿到企业网络中使用。这类问题经常出现并且危害性极大。

8.1.3　网络安全的内容

网络安全涉及的内容包括技术和管理等多个方面，需要相互补充、综合协同防范。其中，技术方面主要侧重于防范外部非法攻击，管理方面则侧重于内部人为因素的管理。从层次结构上，可将网络安全的内容概括为以下 5 个方面。

（1）实体安全。实体安全又称物理安全，它包括环境安全、设备安全和介质安全等，是指保护网络设备、设施及其他介质免遭火灾、水灾、地震、有害气体和其他环境事故破坏的措施及过程。

（2）系统安全。系统安全包括网络系统安全、操作系统安全和数据库系统安全等，是指根据系统的特点、条件和管理要求，有针对性地为系统提供安全策略机制及保障措施、安全管理规范和要求、应急修复方法等。

（3）运行安全。运行安全包括相关系统的运行安全和访问控制安全，如用防火墙进行内外网隔离、访问控制等。具体来说，运行安全包括应急处置机制和配套服务、网络系统安全性监测、内外网的隔离机制、网络安全产品运行监测、系统升级和补丁处理、最新安全漏洞的跟踪、系统的定期检查和评估、安全审计、网络安全咨询、灾难恢复机制与预防、系统改造等。

（4）应用安全。应用安全由应用软件平台安全和应用数据安全两部分组成。具体来说，应用安全包括业务数据的安全检测与审计，系统的可靠性和可用性测试，数据资源访问控制验证测试和数据保密性测试，数据的唯一性、一致性和防冲突检测，实体的身份鉴别与检测，业务应用软件的程序安全性测试与分析，业务数据的备份与恢复机制的检查等。

（5）管理安全。管理安全又称安全管理，涉及法律法规、政策策略、规范标准、人员、设备、软件、操作、文档、数据、机房、运营、应用系统、安全培训等各个方面。它主要是指与人员、网络系统和应用与服务等安全管理相关的各种法律、法规、政策、策略、机制、规范、标准、技术手段和措施等。

8.2 数据加密技术

面对网络安全的各种威胁，防止传输数据被非法获取或破坏成为网络安全技术的重要内容。数据加密成为实现数据机密性保护的主要方法。

8.2.1 数据加密技术概述

扫一扫

对称加密与非对称加密

数据加密是通过某种函数进行变换，将正常的数据报文（称为明文）转变为密文（也称为密码）的方法。解密是加密的逆操作。用来将明文转换为密文或将密文转换为明文的算法中输入的参数称为密钥。

数据加密技术一般分为对称加密技术和非对称加密技术两类。对称加密技术是指加密和解密使用同一密钥。非对称加密技术是指加密和解密使用不同的密钥，分别称为"公钥"和"私钥"，两种密钥必须同时使用才能打开相应的加密文件。公钥可以完全公开，而私钥只有持有人持有。

1. 对称加密技术

对称加密技术的特点是在保密通信系统中，发送者和接收者之间的密钥必须安全传送，而且双方通信所用的密钥必须妥善保管。它的安全性依赖于以下两个因素：第一，加密算法必须是足够强的，仅仅基于密文本身去解密信息在实践上是不可能的；第二，加密方法的安全性依赖于密钥的秘密性，而不是算法的秘密性。

对称加密技术具有加密速度快、保密度高等优点，在军事、外交及商业领域得到了广泛应用。在公开的计算机网络上采用对称密钥加密体系，其最薄弱的环节是如何安全地传送和保管密钥。

对称加密技术采用的是对称加密算法。其中最为著名的算法是 IBM 公司研发的数据加密标准（data encryption standard，DES）分组算法。DES 使用 64 位密钥，经过 16 轮的迭代、乘积变换、压缩变化等处理，产生 64 位的密文数据。

2. 非对称加密技术

非对称加密技术使用非对称加密算法，也称为公用密钥算法。在非对称加密算法中，用作加密的密钥与用作解密的密钥不同，而且解密密钥不能根据加密密钥计算出来。非对称加密算法的典型代表是 RSA 算法。

在网络上传输采用对称加密技术的加密文件时，当把密钥告诉对方时，很容易被其他人窃听。而非对称加密方法有两个密钥，且其中的"公钥"是公开的，收件人解密时只要用自己的"私钥"即可解密，由于"私钥"并没有在网络中传输，这样就避免了密钥传输可能出现的安全问题。

非对称密码技术成功地解决了计算机网络安全的身份认证、数字签名等问题，推动了包括电子商务在内的一大批网络应用的不断深入和发展。

在实际应用过程中，通常利用两种密钥体制的长处，采用二者相结合的方式对信息进行加密。例如，对实际传输的数据采用对称加密技术，这样数据传输速度较快；为了防止密钥泄露，传输密钥时采用非对称加密技术，使密钥的传送有了安全的保障。

8.2.2　数字签名技术

现实生活中的书信或文件是根据亲笔签名或印章来证明其真实性。那么在计算机网络中传送的文件又如何盖章呢？这就要使用数字签名。

数字签名是一种信息认证技术，它利用数据加密技术和数据变换技术，根据某种协议来产生一个反映被签署文件和签署人的特征，以保证文件的真实性和有效性，同时也可用来核实接收者是否存在伪造、篡改文件的行为。简单地说，数字签名就是只有信息的发送者才能产生的别人无法伪造的一段数字串，这段数字串同时也是对信息的发送者发送信息真实性的一个有效证明。

数字签名技术是公开密钥加密技术和报文分解函数相结合的产物。与数据加密不同，数字签名的目的是为了保证信息的完整性和真实性。数字签名必须保证以下 3 点：

（1）接收者能够核实发送者对消息的签名。

（2）发送者事后不能抵赖对消息的签名。

（3）接收者不能伪造、篡改对消息的签名。

8.3　防火墙技术

在各种网络安全技术中，作为保护局域网的第一道屏障与实现网络安全的一个有效手段，防火墙技术应用最为广泛，也备受青睐。

8.3.1　防火墙的概念和作用

防火墙

　　防火墙原是古代人们在房屋之间修建的墙，这道墙可以防止火灾发生时蔓延到别的房屋。现在的防火墙（firewall），是指位于两个或多个网络间，实施网络之间访问安全控制的一组组件的集合。

　　防火墙作为内网和外网之间的屏障，控制内网和外网的连接，实质就是隔离内网与外网，并提供存取控制和保密服务，使内网有选择地与外网进行信息交换。内网通常称为可信赖的网络，而外网称为不可信赖的网络。所有的通信，无论是从内网到外网，还是从外网到内网，都必须经过防火墙，如图 8-1 所示。

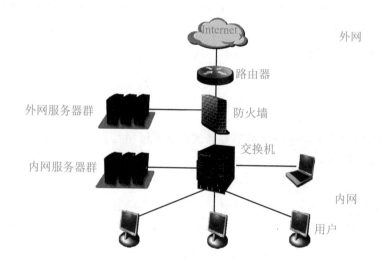

图 8-1　防火墙

　　防火墙是不同网络或网络安全域之间信息的唯一出入口，能根据企业的安全策略控制出入网络的信息流，且本身具有较强的抗攻击能力。承担防火墙功能的既可以是一台路由器、一台主机，也可以是由多台主机构成的体系。

8.3.2　防火墙的类型

　　防火墙有多种形式，有的以软件形式运行在普通计算机上，有的以硬件形式集成在路由器中。最常见的分类方式将防火墙分为两类，即包过滤型防火墙和应用级防火墙。

　　1.　包过滤型防火墙

　　包过滤型防火墙工作在 OSI 参考模型的网络层，它根据数据包中的源地址、目的地址、端口号和协议类型等确定是否允许通过，只有满足过滤条件的数据包才被转发到相应的目的地址，其余数据包则被丢弃。

包过滤方式是一种通用、廉价和有效的安全手段。之所以通用，是因为它不是针对某个具体的网络服务采取特殊的处理方式，适用于所有网络服务；之所以廉价，是因为大多数路由器都提供数据包过滤功能，所以这类防火墙多数是由路由器集成的；之所以有效，是因为它能满足绝大多数企业的安全要求。

2. 应用级防火墙

应用级防火墙又称为应用级网关，也就是代理服务器。它工作在 OSI 参考模型的最高层，即应用层。应用级防火墙通过对每种应用服务编制专门的代理程序，实现监视和控制应用层通信流的作用。在应用级防火墙技术的发展过程中，经历了两个不同的版本。

1）第一代应用网关型防火墙

这类防火墙是通过一种代理技术参与到一个 TCP 连接的全过程。从内部发出的数据包经过这类防火墙处理后，就好像是源于防火墙外部网卡一样，从而可以达到隐藏内网结构的作用。这类防火墙是公认的最安全的防火墙，它的核心技术就是代理服务器技术。

2）第二代自适应代理型防火墙

这类防火墙是近几年才得到广泛应用的一种新型防火墙。它可以结合应用网关型防火墙的安全性和包过滤型防火墙的高性能等优点，在毫不损失安全性的基础上将应用级防火墙的性能提高 10 倍以上。

由于使用代理服务，网络的安全性得到了增强，但也产生了很大的代价，如需要购买网关硬件平台和代理服务应用程序、学习相关的知识、投入时间配置网关及缺乏透明度导致系统对用户不太友好等。因此，网络管理员必须权衡系统的安全需要与用户使用之间的关系。

需要注意的是，可以允许用户访问代理服务，但绝对不允许用户登录到应用网关。否则，防火墙的安全就会受到威胁，可能造成入侵者损害防火墙的后果。

8.4 防病毒技术

随着网络技术的不断发展及其应用的广泛普及，计算机病毒也层出不穷，它的广泛传播给网络带来了灾难性的影响。因此，如何有效地防范计算机病毒已经成为众多用户关心的话题。

病毒与木马

8.4.1 计算机病毒简介

计算机病毒（computer virus）是指编制者在计算机程序中插入的

破坏计算机功能或者损坏数据，影响计算机使用并且能够自我复制的一组计算机指令或者程序代码。

与医学上的"病毒"不同，计算机病毒不是天然存在的，是某些人利用计算机软件和硬件所固有的脆弱性编制的一组指令或程序代码。它能通过某种途径潜伏在计算机的存储介质（或程序）中，当达到某种条件时即被激活，通过修改其他程序的方法将自己的精确拷贝或者可能演化的形式放入其他程序中，从而感染其他程序，对计算机资源进行破坏。

计算机病毒具有以下几个明显的特点。

（1）传染性。传染性是计算机病毒的基本特征。传染性是指病毒具有将自身复制到其他程序的能力。计算机病毒可通过各种可能的渠道去传染其他的计算机，如 U 盘、硬盘、光盘、电子邮件、网络等。

（2）破坏性。计算机病毒感染系统后，会对系统产生不同程度的影响，如大量占用系统资源、删除硬盘上的数据、破坏系统程序、造成系统崩溃，甚至破坏计算机硬件，给用户带来巨大损失。

（3）隐蔽性。计算机病毒具有很强的隐蔽性。一般病毒代码设计得非常短小精悍，非常便于隐藏到其他程序中或磁盘某一特定区域内，且没有外部表现，很难被人发现。随着病毒编制技巧的提高，对病毒进行各种变种或加密后，更容易造成杀毒软件漏查或错杀。

（4）潜伏性。大部分病毒感染系统后一般不会马上发作，而是潜伏在系统中，只有当满足特定条件时才启动并发起破坏。病毒的潜伏性越好，其在系统中存在的时间就越长，病毒的传染范围就越大。例如，"黑色星期五"病毒不到预定的时间，用户就不会感觉异常，一旦遇到 13 日并且是星期五，病毒就会被激活并且对系统进行破坏。

（5）寄生性。计算机病毒大多不是独立存在的，而是寄生在其他程序中，病毒所寄生的程序称为宿主程序。由于病毒很小不容易被发现，所以在宿主程序未启动之前，用户很难发觉病毒的存在。而一旦宿主程序被用户执行，病毒就会被激活，进而产生一系列破坏活动。

 知识库

"特洛伊木马"简称"木马"，是指表面上是有用的软件，实际上却危害计算机安全的程序。木马与病毒都是恶意代码，但与一般的病毒不同，木马不会自我繁殖，也并不"刻意"地去感染其他文件。它通过伪装吸引用户下载执行，向施种木马者提供打开被种者计算机的门户，使施种者可以任意毁坏、窃取被种者的文件，甚至远程操控被种者的计算机。

完整的木马程序一般由两个部分组成：一个是服务器程序，一个是控制器程序。常说的"中了木马"就是指安装了木马的服务器程序。若某台计算机被安装了服务器程序，则拥有控制器程序的人或计算机就可以通过网络控制该计算机，这时该计算机上的各种文件、程序，以及在使用的账号、密码就无安全性可言了。

8.4.2　计算机病毒的分类

按照计算机病毒的特点和特性，其分类的方法有很多种。现列举几种常见分类。

1. 按攻击的操作系统分类

按攻击的操作系统分类，可将病毒分为 DOS 病毒、Windows 病毒、Linux 病毒、Unix 病毒等，它们分别是发作于 DOS、Windows、Linux、Unix 操作系统平台上的病毒。

2. 按链接方式分类

按链接方式分类，可将病毒分为源码型病毒、嵌入型病毒、外壳型病毒和操作系统型病毒 4 种。

- ◆ 源码型病毒：主要攻击高级语言编写的源程序，它会将自己插入到系统源程序中，并随源程序一起编译，成为合法程序的一部分。
- ◆ 嵌入型病毒：可以将自身嵌入到现有程序中，将计算机病毒的主体程序与攻击的对象以插入的方式链接，这种病毒危害性较大，一旦进入程序中就难以清除。
- ◆ 外壳型病毒：将其自身包围在合法的主程序周围，对原来的程序并不做任何修改，这种病毒容易被发现，一般测试文件的大小即可察觉。
- ◆ 操作系统型病毒：通过把自身的程序代码加入操作系统之中或取代部分操作系统模块进行工作，具有很强的破坏力，圆点病毒和大麻病毒就是典型的操作系统型病毒。

3. 按存在的媒体分类

按存在的媒体分类，可将病毒分为引导型病毒、文件型病毒和混合型病毒 3 种。

- ◆ 引导型病毒：是一种在系统引导时出现的病毒，依托的环境是 BIOS 中断服务程序。引导型病毒主要感染软盘、硬盘上的引导扇区上的内容，使用户在启动计算机或对软盘等存储介质进行读、写操作时进行感染和破坏活动。
- ◆ 文件型病毒：主要感染计算机中的可执行文件，用户在使用某些正常的程序时，病毒被加载并向其他可执行文件传染。例如，宏病毒就是一种寄生于文档或模板的宏中的文件型病毒。
- ◆ 混合型病毒：是指具有引导型病毒和文件型病毒寄生方式的计算机病毒。这种病毒扩大了传染途径，既可以感染软盘、硬盘上的引导扇区上的内容，又可以感染可执行文件。

8.4.3 计算机病毒的防范

防止病毒入侵要比病毒入侵后再去发现和消除它更为重要。为了将病毒拒之门外，用户要做好以下防范措施。

1. 建立良好的安全习惯

对一些来历不明的邮件及附件不要打开，并尽快删除；不要访问一些不太了解的网站，更不要轻易打开网站链接；不要执行从 Internet 上下载的未经杀毒处理的软件等。

2. 关闭或删除系统中不需要的服务

默认情况下，操作系统会安装一些辅助服务，如 FTP 客户端、Telnet 和 Web 服务器等。这些服务为攻击者提供了方便，而对用户却没有太大的用处。在不影响用户使用的情况下删除这些服务，能够大大减少被攻击的可能性。

3. 及时升级操作系统的安全补丁

据统计，有 80% 的网络病毒是通过系统安全漏洞进行传播的，像红色代码、尼姆达、冲击波等病毒，所以应该定期下载、更新系统安全补丁，防患于未然。

4. 为操作系统设置复杂的密码

一些用户不习惯设置系统密码，这种方式存在很大的安全隐患。因为一些网络病毒就是通过猜测简单密码的方式攻击系统的。使用并设置复杂的密码将会大大提高计算机的安全系数。

5. 安装专业的杀毒软件

在病毒日益增多的今天，使用杀毒软件进行病毒查杀是最简单、有效，也是越来越经济的选择。用户在安装了杀毒软件后，应该经常升级至最新版本，并定期扫描计算机。

6. 定期进行数据备份

对于计算机中存放的重要数据，要有定期数据备份计划，用硬盘等介质及时备份数据，妥善存档保管。除此之外，还要有数据恢复方案，在系统瘫痪或出现严重故障时，能够进行数据恢复。

计算机病毒的防范工作是一个系统工程。从各级单位角度来说，要牢固树立以防为主的思想，应当制定出一套具体的、切实可行的管理措施，以防止病毒相互传播。从个人角度来说，每个人都要遵守病毒防范的有关措施，不断学习、积累防范病毒的知识和经验，培养良好的病毒防范意识。

拓展阅读

我国网络安全工作取得积极进展

没有网络安全就没有国家安全，就没有经济社会稳定运行，广大人民群众利益也难以得到保障。

党的十八大以来，我国网络安全工作发展进入快车道，各项工作取得积极进展，形成了一系列生动实践和宝贵经验。

不断夯实网络安全法治基础

近年来，在中央网信委坚强领导下，以总体国家安全观为指导，国家网络安全工作顶层设计和总体布局不断完善，网络安全"四梁八柱"基本确立。

（1）出台网络安全法、数据安全法、个人信息保护法、《国家网络空间安全战略》《关键信息基础设施安全保护条例》等网络安全法律法规、战略规划，网络空间法治进程迈入新时代；

（2）印发《网络安全审查办法》《云计算服务安全评估办法》《汽车数据安全管理若干规定（试行）》等部门规章和规范性文件，国家网络安全工作的政策体系框架基本形成；

（3）制定发布322项国家标准，共有12项包含我国技术贡献和提案的国际标准发布，网络安全国家标准体系日益完善。

万物互联的时代，机遇与风险并存。应对网络安全风险挑战，需要防患于未然。近年来，我国不断加强网络安全事件应急指挥能力建设，国家网络安全应急体系日益健全。与《国家网络安全事件应急预案》有效衔接，金融、能源、通信、交通等行业领域纷纷制修订本行业领域网络安全应急预案，安全防护体系不断完善，应急响应处置能力持续提升。

互联网是人类的共同家园，让这个家园更美丽、更干净、更安全，是国际社会的共同责任。我国不断强化互联网国际治理和网络安全国际交流合作，推动建立多边、民主、透明的国际互联网治理体系。自2014年起，世界互联网大会已连续8年成功举办，关于全球互联网发展治理的"四项原则""五点主张""四个共同"等中国智慧，得到国际社会的广泛认同，网络空间命运共同体等重要理念深入人心。

全力维护人民群众在网络空间的合法权益

我国不断健全网络安全审查制度和云计算服务安全评估制度，开展多种专项治理行动全力维护人民群众在网络空间的合法权益。

组织开展对关键信息基础设施采购网络产品和服务活动的网络安全审查，对滴滴、运满满、货车帮、BOSS直聘等启动网络安全审查，有效防范采购活动、数据处理活动以及国外上市可能带来的国家安全风险。

同时，组织对面向党政机关和关键信息基础设施服务的云平台开展安全评估，加强云计算服务安全管理，防范云计算服务安全风险。截至目前，已有 56 家云平台通过云计算服务安全评估。

互联网通达亿万群众。网信事业要发展，必须贯彻以人民为中心的发展思想。为维护公民个人信息安全，2019 年以来，有关部门组织开展 App 违法违规收集使用个人信息专项治理，对问题较为严重的 1 000 余款 App 进行公开曝光。今年，持续深入开展摄像头偷窥等黑产集中治理，下架违规产品 1 600 余件，并对存在隐私视频信息泄露隐患的视频监控 App 厂商进行约谈。

依法严厉打击网络黑客、电信网络诈骗等人民群众深恶痛绝的违法犯罪行为，"净网"专项行动深入推进，今年以来共抓获违法犯罪人员 1.6 万余名，对其中 6 700 余人采取刑事强制措施，努力让人民群众在网络空间享有更多获得感、幸福感、安全感。

全社会共筑网络安全防线

网络安全为人民，网络安全靠人民，维护网络安全是全社会的共同责任，需要政府、企业、社会组织、广大网民共同参与，共筑网络安全防线。

自 2014 年以来，十部门共同连续在全国范围举办国家网络安全宣传周，推动宣传教育进机关、进企业、进学校、进社区，有效提升全民网络安全意识和防护技能，在全社会营造"网络安全为人民、网络安全靠人民"的良好氛围。

网络空间的竞争，归根结底是人才竞争。近年来，相关部门与时俱进，推出一项项强有力的政策举措，助力网络安全人才培养、技术创新、产业发展的良性生态加速形成。

设立网络空间安全一级学科，组织实施一流网络安全学院建设示范项目，11 所高校入选；网络安全技术产业快速发展，产业增速全球领先；建设国家网络安全人才与创新基地，开展国家网络安全教育技术产业融合发展试验区建设，推动加快网络安全学科建设和人才培养进程……

网络无边，安全有界。站在新的历史起点上，我国将全面加强网络安全保障体系和能力建设，不断打造网络安全工作新格局。

 习 题

1. 判断题

（1）凡是涉及网络上信息的保密性、完整性、可用性、真实性和可控性的相关技术和理论，都是网络安全的研究领域。 （　　）

（2）非对称加密中，"公钥"和"私钥"必须同时使用才能打开相应的加密文件。

　　　　　　　　　　　　　　　　　　　　　　　　　　　（　　）

（3）防火墙是不同网络或网络安全域之间信息的唯一出入口。　　（　　）

（4）计算机病毒大多是独立存在的，少数是寄生在其他程序中的。　（　　）

（5）安装杀毒软件后，无须更新即可一直对所有病毒起到查杀作用。（　　）

2. 选择题

（1）DES 算法属于加密技术中的（　　）。

  A．对称加密　　　　　　　　　　　B．不对称加密

  C．不可逆加密　　　　　　　　　　D．以上都是

（2）数字签名的功能不包括（　　）。

  A．接收者能够核实发送者对消息的签名

  B．发送者事后不能抵赖对消息的签名

  C．接收者不能伪造、篡改对消息的签名

  D．发送者不能伪造、篡改对消息的签名

（3）包过滤型防火墙工作在 OSI 参考模型的（　　）。

  A．会话层　　　　　　　　　　　　B．应用层

  C．网络层　　　　　　　　　　　　D．数据链路层

（4）一般而言，防火墙建立在一个网络的（　　）。

  A．内部网络与外部网络的交叉点

  B．每个子网的内部

  C．部分内部网络与外部网络的结合处

  D．内部子网之间传送信息的中枢

（5）下列关于计算机病毒的说法中，错误的是（　　）。

  A．计算机病毒是一组计算机指令或者程序代码

  B．计算机病毒具有传染性

  C．计算机病毒的运行不消耗 CPU 资源

  D．病毒并不一定都具有破坏力

3. 综合题

（1）什么是网络安全？目前网络正面临哪些安全威胁？

（2）简述对称加密技术和非对称加密技术的区别。

（3）简述防火墙的类型及各自的特点。

（4）简述计算机病毒的特点及防范计算机病毒的对策。

参考文献

［1］谢希仁．计算机网络［M］．第 8 版．北京：电子工业出版社，2021．

［2］肖盛文．计算机网络基础［M］．北京：航空工业出版社，2017．

［3］盛立军．计算机网络技术基础［M］．上海：上海交大出版社，2017．

［4］李志球．计算机网络基础［M］．第 5 版．北京：电子工业出版社，2020．

［5］刘勇．计算机网络基础［M］．北京：清华大学出版社，2016．